GUSTAV ADOLF HIRN
SEIN LEBEN UND SEINE WERKE

VON

Dr. K. KELLER
GROSSH. BAD. GEHEIMER RAT, MÜNCHEN
VORMALS PROFESSOR A. D. TECHN. HOCHSCHULE KARLSRUHE

MIT DEM BILDNIS HIRNS

BERLIN
VERLAG VON JULIUS SPRINGER
1912

ISBN-13: 978-3-642-94011-8 e-ISBN-13: 978-3-642-94411-6
DOI: 10.1007/978-3-642-94411-6

Sonderabdruck aus
Beiträge zur Geschichte der Technik und Industrie. Jahrbuch des Vereines deutscher Ingenieure, herausgegeben von Conrad Matschoß.
1911. 3. Band.

Drei Kilometer westlich von Colmar im Elsaß liegt der Fabrikort Logelbach. Gegen Ende des 18. Jahrhunderts stand dort eine königliche Pulvermühle, und etwa 5 Minuten davon entfernt lagen die Gebäude einer Lohgerberei. Um das Jahr 1775 wurden — ohngeachtet der etwas bedenklichen Nachbarschaft der Pulvermühle — die Gebäude der Gerberei von drei Brüdern erworben, um dort eine andere Fabrik für Herstellung von gedruckten Stoffen zu errichten. Diese drei Brüder waren die Söhne des im Jahre 1715 in Colmar geborenen Apothekers Christian Haußmann, der seinen Kindern eine vorzügliche Erziehung und Ausbildung hatte zuteil werden lassen.

Der älteste der drei Brüder, der den Namen seines Vaters trug, Christian, war gelernter Apotheker und Arzt; man hieß ihn allgemein „Le docteur"; er scheint die eigentliche Seele des neuen Unternehmens gewesen zu sein. Der zweite der Brüder, Johann Michael, war es, der dem Unternehmen seine wertvollen technischen, sowohl mechanischen als auch chemischen Kenntnisse lieh. Vom dritten Bruder, Johann, ist bekannt, daß er sich zum Kaufmann ausgebildet hatte, als solcher in Straßburg, Berlin, Wien und zuletzt in Augsburg in Stellung war und dem neuen Unternehmen in Logelbach als kaufmännischer Teilhaber beitrat. Von seinem letzten Aufenthalte her hatte er den Beinamen „der Augsburger".

Ein anderer Bruder war der im Jahre 1759 geborene Nicolaus, der nach Paris übersiedelte, dort eine Filiale des Logelbacher Werkes gründete, und der Großvater des unter dem II. Kaiserreiche berühmt gewordenen Seinepräfekten Georg Eugen Haußmann wurde, dem Paris seine vollständige bauliche Umgestaltung verdankt, durch welche es nicht nur eine schöne, sondern auch eine gesunde Stadt wurde.

Zunächst interessiert uns am meisten der zweitgenannte der Brüder, der Techniker Johann Michael Haußmann, unter dem Beinamen „Logelbach" bekannt, und zwar als Vater einer Tochter Louise, die sich mit Johann Georg Hirn vermählte, der damals als hochgeschätzter Zeichner, Dessinateur, in der Haußmannschen Fabrik in Stellung war.

Schon in früher Jugend hatte dieser Johann Georg Hirn ein hervorragendes Talent für alle zeichnerischen Künste gezeigt, und schon mit 15 Jahren war er als Zeichner in die Fabrik aufgenommen worden, wo er alsbald Beweise seiner künstlerischen Begabung und seines fruchtbaren schöpferischen Talentes gab. Nach seiner Verheiratung mit Louise Haußmann wurde er als Teilhaber in die Firma aufgenommen und fand nun Gelegenheit, durch die Schönheit und Originalität der von ihm entworfenen Muster und durch manche von ihm in der Fabrikation vorgeschlagene und eingeführte Neuerungen wesentlich zur Hebung des Rufes der Logelbacher Werkstätten beizutragen.

Aus dieser Ehe entsprossen drei Söhne, deren Ältester in jungen Jahren starb; die beiden anderen mit den Namen Karl Ferdinand und Gustav Adolf. Den Namen des ersteren, eines mit hervorragendem Talent und Geschick für Mechanik und Maschinenbau begabten Ingenieurs, werden wir noch als besonders beteiligt an der Erfindung des Drahtseilferntriebes treffen; der jüngere Adolf Hirn, ist es, dessen Leben und Wirken diese Worte gewidmet sein mögen, ein Mann, der ebenso groß dasteht als Ingenieur wie als Physiker, ebenso tiefgründig in seinen philosophischen Forschungen wie in seinen metaphysischen Studien, der unvergessen blieb bei allen, die je mit ihm in Berührung kamen, ob seiner Liebenswürdigkeit und der Unantastbarkeit seines Charakters und seiner Grundsätze, als Mensch, als Freund und als Mitarbeiter.

Gustav Adolf Hirn,
geb. 21. Aug. 1815, gest. 14. Jan. 1890.

Die erfreuliche Entwicklung des Logelbacher Unternehmens schritt aber nicht stetig fort, kam sogar mit dem Beginn der französischen Revolution vollständig zum Stillstand; die von Nicolaus Haußmann gegründete Zweigniederlassung in Versailles mußte aufgehoben werden, und schließlich löste sich auch noch die ursprüngliche Gesellschaft in Logelbach im Jahre 1798 unter dem Zwang der äußeren politischen Verhältnisse auf.

Das Jahr 1803 sah aber das Geschäft wieder neu erstehen, und insbesondere war es dem bewunderungswürdigen Genie und der Tatkraft von Johann Michael Haußmann, dem Logelbacher, zu danken, daß es einen neuen wirklich glänzenden Aufschwung nahm, zumal nachdem Johann Georg Hirn als Zeichner und artistischer Leiter in dasselbe eingetreten war. Nachdem nun das Unternehmen wieder sicher stand und in eine neue Blüteperiode eingetreten war, zog sich Johann Michael, der Logelbacher, infolge seines hohen Alters und von Arbeit ermüdet vom Geschäft zurück und überließ es seinen drei Söhnen und seinen beiden Schwiegersöhnen, deren einer Johann Georg Hirn war, der vorhin genannte Maler und Künstler. Um diese Zeit, im Jahre 1815 am 21. August, wurde Adolf Hirn geboren.

Aus den Jahren der Kindheit von Adolf Hirn wäre wohl nur ein Ereignis als bemerkenswert zu erwähnen, weil es ihm beinahe das Leben gekostet hätte, und weil es auf ihn selbst einen so tiefen Eindruck gemacht hatte, daß er es sein

Leben lang nicht vergaß und oft seinen Freunden davon erzählte. Er zählte damals 7 Jahre und sollte einen Hausdiener begleiten, der sich in die Stadt zu begeben hatte. Glücklicherweise hatte sich der Diener etwas verspätet, sonst würde die beiden ihr Weg gerade in dem Augenblicke an der Pulvermühle vorübergeführt haben, als diese (am 26. Juli 1822) in die Luft flog. Zweifellos würde das Kind mit seinem Begleiter damals ein Opfer der Katastrophe geworden sein. Aus den auf den beabsichtigten Weg des Kindes geschleuderten Trümmern wurde zum Gedächtnis von dessen wunderbarer Errettung eine Pyramide errichtet.

Seinen ersten und auch den weiteren Elementarunterricht erhielt Adolf Hirn im elterlichen Hause; denn seine Eltern, die einen ihrer Söhne, den ältesten, durch einen Unfall im Lyzeum in Straßburg verloren hatten, hatten nicht mehr den Mut, eines ihrer Kinder von Hause und aus ihrer Aufsicht wegzugeben. Da an dem gleichen Unterrichte auch sein Bruder und seine zwei Schwestern, sowie auch Vettern und Kusinen teilnahmen, unter welchen unser Adolf Hirn der Jüngste war, so war es nicht zu vermeiden, daß er mitunter auch der Gegenstand harmloser Neckereien seiner Schulgenossen wurde; da sah man ihn dann wohl auch flüchten und in seine Mansardenkammer sich zurückziehen, wo er seine geliebte Geige ergriff und bei den Tönen dieses Instrumentes Trost suchte und fand, und dann in der Einsamkeit seines Kämmerleins seine Aufgaben machte. In seiner Selbstbiographie, die — leider unvollendet — schon mit dem eben erwähnten Alter abschließt, sagt er: „Die Mißstände, die eine solche häusliche Erziehung unter Leitung eines Hauslehrers mit sich führt, sind zu offenkundig, als daß ich mich lange dabei aufhalten will."

In das Jahr 1824 fiel die Erbauung der von Watt & Boulton gelieferten Dampfmaschine in der Logelbacher Fabrik. Adolf Hirn, der damals erst 9 Jahre alt war, sah die Aufstellung dieser Maschine mit an, und er erzählte oft in seinem späteren Leben von dem großen Interesse, mit dem er damals die Montierungsarbeiten verfolgt habe. Er hatte so, während sich seine Tätigkeit zwischen häuslichen Unterrichtsstunden, Erledigung von Aufgaben und Vorbereitung für jene, sowie Pflege der Musik teilte, sein 16. Lebensjahr erreicht. Sein Hauslehrer hatte seine Neigung und Begabung für naturwissenschaftliche Studien erkannt und es veranlaßt, daß ihm ein besonderer Lehrer für Physik und Chemie beigegeben wurde, Professor Käppelin, vom Kollegium in Colmar, der ihm in zweijährigem Unterrichte die wesentlichen Grundlagen in diesen beiden Wissenschaften beibrachte; ganz besonders wurde bei Adolf Hirn dieses Studium durch seine leichte Auffassungsgabe, verbunden mit gewissenhafter, unermüdlicher Arbeit, unterstützt und gefördert. In Mathematik hatte er einen eigentlichen systematischen Unterricht durch einen Lehrer nie genossen, sondern, wie gerade bei anderen Unterrichtsgegenständen sich Bedürfnis oder Gelegenheit zu mathematischen Entwicklungen ergab, so nahm er diese mit dem in jeder Sache bewiesenen Eifer in Angriff und suchte jede vorliegende mathematische Aufgabe zu bewältigen, was ihm auch jederzeit, wenn auch manchesmal mit schwerem Kopfzerbrechen, gelang.

So kam das Jahr 1834 heran, in welchem Adolf Hirn sein 19. Lebensjahr vollendete. Er trat in die technische Praxis ein in dem der Familie Haußmann-Hirn gehörigen Fabrikgeschäfte, und zwar als gehorsamer Sohn nach dem Willen seines Vaters zunächst als Farbenchemiker zur Untersuchung und Bereitung der Farben für den Druck der Kattune und für die Färberei verschiedener Stoffe.

Dieser Fabrikationszweig wurde aber schon im Jahre 1842 aufgegeben, und wurden von da an in dem bisherigen Etablissement nur die Werkstätten für die mechanische Baumwollspinnerei und -weberei im Betrieb erhalten. In diesem neuen Betriebe, der unter der Firma: „Haußmann, Jordan, Hirn & Cie." weiter geführt wurde, fand nun Adolf Hirn wieder Stellung, und zwar unter dem Titel „Ingenieur" mit einem festen, aber allerdings sehr bescheidenen Gehalt, das kaum für seinen Lebensunterhalt genügte. Nebenbei benützte er freie Zeiten, um nach Paris zu reisen, und dort chemische und physikalische Kabinette und Laboratorien zu besuchen, ohne aber sich dort in einem derselben für längere Zeit oder als Schüler aufnehmen zu lassen.

Es war auch höchste Zeit und dringend geboten, daß seine Dienstverhältnisse sich änderten, denn seine bisherige Tätigkeit drohte seine ohnedies nicht sehr robuste Gesundheit ernstlich zu gefährden. Das chemische Laboratorium, in dem er bisher von morgens bis abends gearbeitet hatte, war ein ungesundes, feuchtes Lokal, und Hirn hatte sich bei diesen wenig hygienischen Verhältnissen ein gastrisches Leiden zugezogen, durch das er zu einer strengen Diät und zu einem entbehrungsreichen Leben verurteilt wurde, das er aber mit bewunderungswürdiger Geduld ertrug. Mit der gleichen philosophischen Ruhe ertrug er auch die Beeinträchtigung seiner Sehkraft, als ihm durch eine ungeschickte und daher mißlungene Operation an seinem linken, etwas schielenden Auge dieses für seine künftige wissenschaftliche Tätigkeit so schwer entbehrliche Auge verloren ging.

Den beiden Brüdern Ferdinand und Adolf Hirn war in dem jetzigen Fabrikbetriebe dessen technische Leitung übertragen, wobei ihnen als Aufgabe ausdrücklich die Überwachung, Instandhaltung, auch möglichste Verbesserung des ausgedehnten Maschinenmaterials, die Aufstellung und Einführung neuer Maschinen, die Leitung und Verteilung der Betriebskraft in die verschiedenen Werkstätten zugewiesen war.

Wenn zu dieser Zeit das Geschäft schon reich an materiellen Erfolgen und ehrenvollen Traditionen war, so fanden doch die beiden Brüder bei der Übernahme der Betriebsleitung einen Zustand der Fabrik vor, welcher weder ihren Erwartungen noch den Bedürfnissen entsprach, welchen bei dem sich stetig steigernden Absatz ihrer Fabrikationsprodukte zu genügen war. Da waren durchgängig alte verjährte Werkzeugmaschinen, schadhafte und wenig wirtschaftlich arbeitende Dampfmaschinen, veraltete ungenügende Wasserkraftmaschinen, kurz alles lag ziemlich im argen.

Um aus den vorhandenen Maschinenanlagen unter tunlichst geringem Kostenaufwand den größtmöglichen Nutzen zu ziehen, mußten vor allem die mangelhaften Kraftmaschinen, die in den einzelnen weit auseinander liegenden Gebäulichkeiten lagen, verbessert werden. Die Durchführung der hierzu nötigen dringendsten Arbeiten bildete aber eine unerwartet schwierige Aufgabe, die selbst wieder Veranlassung war zu vorhergängigen wichtigen Studien und Untersuchungen auf dem Gebiete der technischen Mechanik. Bei diesen Arbeiten vereinigten sich die Anstrengungen beider Brüder, so daß es vielfach nicht zu erkennen und mit Sicherheit festzustellen ist, welcher Anteil jedem von ihnen zuzuerkennen ist.

Eines der ersten Ergebnisse dieser gemeinsamen Arbeit war die Einführung des Drahtseilferntriebes, der etwa um das Jahr 1850 von Ferdinand ausgedacht zu sein scheint, und der dazu dienen sollte, die weit auseinander liegenden Werkstätten unter sich und mit der Betriebsmaschine zu verbinden. Dieses war durch die bis dahin gewöhnliche Weise bei Benützung von Zahnrädern und langen Wellenleitungen nur unter Herbeiführung großer Kraftverluste möglich gewesen. Während also der erste Gedanke wahrscheinlich von Ferdinand herrührte, studierte Adolf die Theorie dieser neuen Betriebsart, und wurde dabei auf die Notwendigkeit der Annahme großer Geschwindigkeiten hingewiesen. Bei den ersten Versuchen war es ein Stahlband von 1 mm Dicke und 6 cm Breite, das bei 12 m Geschwindigkeit zwei Scheiben auf eine Entfernung von 80 m verband; nach 18 monatlichem befriedigendem Gebrauche wurde das Stahlband durch ein Eisendrahtseil und dieses dann später durch ein Seil aus Stahldraht ersetzt. Der Wirkungsgrad, mit welchem auf diese Art eine Leistung von 38 Pferden übertragen wurde, war unerwartet günstig. Die Kosten beliefen sich bei 1000 m Übertragungsweite auf kaum 0,3 Cent. für 1 PS-st.

Der beiden Brüder Charakter zeigte sich schon bei diesem ersten Erfolge ihrer schöpferischen Tätigkeit, indem sie jeden persönlichen Vorteil, den sie aus dieser Erfindung ziehen konnten, ablehnten, auch kein Patent darauf nahmen, sondern sie der ganzen technischen Welt wollten zugute kommen lassen. Sie munterten daher alle Interessenten auf, diese Transmissionsart nachzumachen und gaben bereitwilligst alle wünschenswerten Aufschlüsse und Anweisungen.

In bezug auf die Zuerkennung der Erfindung für einen der beiden Brüder kann man nur feststellen, daß Ferdinand hierüber zum ersten Male Bericht erstattete in der Sitzung der „Société industrielle de Mulhouse" am 28. Juni 1854, wobei er erwähnt, daß die benützten Seile englisches Fabrikat gewesen seien, und daß sie gegen die Einwirkung von Luft und Regen durch einen Asphaltanstrich (poix d'Archangel) geschützt würden. Später erschien aus der Hand von Adolf Hirn eine Veröffentlichung in den „Bulletins de la société d'encouragement 1858", während 1862 bei Gelegenheit der Londoner Weltausstellung wieder eine solche von Ferdinand Hirn zur Verteilung gelangte, der sich späterhin auch allein um die Ausbildung dieses Ferntriebes bemüht hat. Bald nach Fertigstellung der Anlage in Logelbach wurde eine größere Drahtseilanlage in Emmendingen (in Baden) ausgeführt, und schon im Jahre 1861 waren 274 solche Anlagen im Betrieb in beinahe allen Ländern des Kontinents, wofür nur von der einen Firma Stein Seile in einer Gesamtlänge von 56 000 m geliefert worden waren. Heute freilich im Zeitalter der Elektrizität möchte man geneigt sein, über die schwerfällige und kraftraubende Energieübertragung durch Drahtseile zu lächeln, aber meine Zeitgenossen werden sich noch gerne daran erinnern, wie man von weither kam, auch Schülerausflüge dorthin führte, um die Drahtseilanlagen in Schaffhausen, Zürich, Bellegarde und an anderen Orten zu sehen und zu studieren.

Daß Adolf Hirn seinen Bruder Ferdinand als den eigentlichen Begründer des Drahtseilferntriebes betrachtete, sagt er selbst in einem Briefe an den Herausgeber des „Kosmos", Abbé Moigno, worin er dem letzteren den Tod Ferdinands anzeigte[1]:

„Sie wissen, was Ferdinand Hirn mit seines Geistes Kraft geleistet hat, denn Sie sind einer der ersten gewesen, der seine Erfindung des Drahtseilferntriebes im ‚Kosmos' veröffentlichte, einer Betriebsart, die heute an Tausenden von Orten angewandt wird. Aber, was Sie nicht imstande waren, an ihm in den kurzen Augenblicken, die Sie mit ihm verlebt haben, zu schätzen, das war sein hoher Wert als eines Mannes von Herzensgüte... Ich glaube nicht, daß irgend jemand mit ihm in Beziehung getreten ist, ohne als-

---

[1] Kosmos, les mondes, 1880, S. 105.

bald in ihm einen Freund zu sehen. Sein Leben war getragen von Aufopferung, von einer an Demut grenzenden Bescheidenheit, von Hingebung für jedes Glied seiner Familie wie für jeden Arbeiter seiner Werkstätten. Alles trauert um ihn, von den höheren Beamten, denen er mehr ein Freund war als ein Vorgesetzter, bis zum einfachsten Arbeiter, dem er Vater war und Stütze".

Wir haben diesen Brief Adolf Hirns etwas ausführlicher gebracht, weil sich gerade darin eine Seite seines innersten Wesens offenbart, seine eigene Herzensgüte wie die seines Bruders, aber auch die innige Liebe, die beide Brüder verband.

Noch beschäftigt mit den Studien für die Drahtseilanlagen, unternahm Adolf Hirn Untersuchungen und Versuche über Ventilatoren und veröffentlichte die Ergebnisse seiner Arbeiten in den Mülhauser Berichten vom Jahre 1845. Diese Arbeiten, welche weder in direktem Zusammenhang mit den Anforderungen des ihm unterstellten Fabrikbetriebes, noch auch mit den bahnbrechenden Untersuchungen standen, denen sein späteres Leben geweiht war, wurden veranlaßt durch zahlreiche und gewissenhafte Versuche, welche E. Dollfus über den gleichen Gegenstand angestellt und veröffentlicht hatte. Den von ihm selbst dabei verfolgten Zweck führt Hirn in der Einleitung zu seiner Abhandlung so aus:

„Aufstellung einer mathematischen Theorie des Ventilators, welche Aufschluß gibt über die zu erzielende Leistung eines solchen, und welche infolgedessen gestattet, bei gegebenem zu förderndem Luftvolumen und gegebener Pressung Abmessungen und Geschwindigkeit der Ventilatoren zu bestimmen, ohne sich zu sehr in Umhertasten verlieren zu müssen; ferner Bestimmung der nötigen Betriebskraft und des Wirkungsgrades."

Hirn dehnte dabei seine Untersuchungen auf alle Flügelformen aus: gerade und gekrümmte, nach vorne und nach rückwärts gebogene, Befestigung der Flügel an der Radscheibe, Form der Radscheibe selbst und des Gehäuses. Emil Müller, der im Namen der mechanischen Sektion der Mülhauser Gesellschaft in deren Berichten eine Besprechung der Hirnschen Abhandlung lieferte[1]), sagt zum Schlusse seiner etwas ausgedehnten Ausführungen nachstehendes:

„Die gelehrte und gewissenhafte Arbeit von Hirn, durch welche die Ergebnisse der analytischen Behandlung mit den vorhergegangenen Versuchen von E. Dollfus in Beziehung gebracht werden, müssen einen um so höheren Wert in den Augen unserer Gesellschaft haben, als sie von zweien ihrer Mitglieder herrühren. Während durch diese Arbeiten die tatsächlichen und hauptsächlichsten Schwierigkeiten überwunden sind, fehlt nur noch eine Zusammenstellung der erhaltenen Resultate, und der Folgerungen, welche sich aus Hirns Theorie und Dollfus' Versuchen ergeben, und endlich die Aufstellung von festen Regeln, damit bei der Konstruktion der Ventilatoren keine oder nur geringe, für die Praxis unerhebliche Unsicherheit bestehe."

Im darauffolgenden Jahre 1846 erschien in den Mülhauser Berichten[2]) eine Studie Hirns über die Messung der Wassermengen in Flüssen und Kanälen. Veranlaßt wurde diese Arbeit durch das von ihm empfundene Bedürfnis, den Wirkungsgrad der zum Betrieb der Logelbacher Werkstätten dienenden Wasserkraftmaschinen zu kennen. Hirn kommt am Schlusse seiner Abhandlung zu dem Ergebnisse, daß das einzige Mittel, um zu solchen Resultaten zu gelangen, auf deren Genauigkeit man rechnen könne, darin bestehe, einen Überfall zu benützen, der sich über die vollständige Kanalbreite erstrecke, und die Überfallschwelle so hoch zu legen, daß die Geschwindigkeit im Oberwasserkanal vernachlässigt werden könne. Die gleichen Bedingungen hat dann auch später Bazin bei seinen klassischen

---

[1]) Bulletins de la société industrielle de Mulhouse 1847, S. 427.
[2]) Bull. de Mulh. 1846, S. 233.

Versuchen aufgestellt und auch angewandt. Allerdings erwähnt Hirn auch, daß er es für ein noch zuverlässigeres Mittel der Wassermessung halte, die mittlere Wassergeschwindigkeit durch eine senkrecht schwimmende Scheibe (flotteur-écran) zu bestimmen. Sein Kritiker, dem von Seite der Mülhauser Gesellschaft die Besprechung der Hirnschen Abhandlung übertragen worden war, sagt, daß der Verfasser die vorliegende Frage in einer „so glatten, präzisen und praktischen Weise" erledigt habe, daß ihm selbst nichts mehr hinzuzufügen übrig bleibe, und daß er die Überzeugung habe, die von Hirn erhaltenen Ergebnisse würden von tatsächlichem Nutzen werden für alle, welche sich mit hydraulischen Fragen zu beschäftigen haben.

Die eigentliche Arbeit des „Physikers" Hirn begann mit seinen Versuchen über Reibung, die allerdings wie seine vorhergehende Arbeit über die Wasserlieferung bei Überfällen veranlaßt waren durch das von ihm lebhaft gefühlte Bedürfnis, sich über den Wirkungsgrad seiner Maschinen Klarheit zu verschaffen und, wenn tunlich, deren Wirkungsgrad zu erhöhen. Indem er zu diesem Zwecke den Einfluß der verschiedenen Schmiermittel zu studieren sich zunächst zum Ziele setzte, kam er auf den Gedanken, die bislang allgemein benützten pflanzlichen und tierischen Fette durch Mineralöle zu ersetzen, so wie sie die nicht weit entfernte Quelle zu Lampertloch im Unterelsaß lieferte. (Die viel ergiebigeren Mineralölquellen von Pechelbronn bei Sulz waren damals noch nicht bekannt.) Es gelang ihm auch in der Tat, durch Mischung von pflanzlichen mit Mineralölen ein Schmiermittel zu erzeugen, durch welches sich nicht nur eine erhebliche Verringerung der Beschaffungskosten, sondern gleichzeitig durch Verminderung der schädlichen Reibungsarbeit eine Erhöhung des Wirkungsgrades der Maschinen und Transmissionen erreichen ließ. Die Ergebnisse waren so auffallend und befriedigend, daß Hirn sich entschloß, eine besondere Schmierölfabrik zu errichten. Diese, wenn sie auch örtlich mit dem gemeinsamen Fabrikunternehmen verbunden war, betrieb er dann unter seiner alleinigen Leitung, und, wenn sie auch — dem Wesen ihres Gründers entsprechend — nur in bescheidenen Verhältnissen angelegt war, warf sie ihm doch einen nicht unerheblichen Verdienst ab.

Diese Arbeiten Hirns hatten aber, abgesehen davon, daß er der Industrie ein Produkt lieferte, das für sie einen Gewinn von 15 bis 20 v. H. der Betriebskosten darstellte, noch eine andere ganz besonders bemerkenswerte Folge: sie führten ihn darauf, zunächst das Wesen der Reibung und ihre Gesetze zu studieren und dann mittelbar dazu, das mechanische Äquivalent der Wärme zu bestimmen.

Beim Studium der Reibung und ihrer Gesetze kam er in bezug auf die Zapfenreibung zu Ergebnissen, die so ziemlich alle bis dahin als gültig angenommenen Gesetze umstießen und nur eines als zutreffend bestehen ließen, daß nämlich die Reibung, wenn die Reibungsflächen trocken und ohne Schmiermittel aufeinander laufen, von der Geschwindigkeit unabhängig sei. Die bezügliche von Hirn ausgearbeitete Abhandlung ließ er auf Drängen seines Freundes Fourneyron, des bekannten Hydraulikers und Erfinders der nach ihm benannten Turbine, durch diesen selbst der französischen Akademie vorlegen und zwar am 26. Februar 1848. Aber erst ein volles Jahr später ward sie geprüft und von der Kommission einstimmig verurteilt. Die Kommission veranlaßte auch Fourneyron, Hirn zu ersuchen, seine Arbeit zurückzuziehen, da „deren Folgerungen im Widerspruch ständen mit den bisher einmütig anerkannten Prinzipien der Mechanik".

Hirn zog seine Abhandlung zurück und legte sie der Société industrielle de Mulhouse[1]) vor, von welcher sie auch nicht besser aufgenommen wurde als in Paris, und schwer gekränkt erklärte Hirn seinen Austritt als Mitglied jener Gesellschaft. Aber Emil Dollfus, zu jener Zeit deren Präsident, hatte den Wert der zurückgewiesenen Abhandlung erkannt, und vertrat die Ansicht, daß die Frucht so vieler geduldiger Forschungsarbeit nicht verloren sein dürfte. Er bewog Hirn, seine Arbeit umgearbeitet und in abgekürzter Form wieder der Gesellschaft vorzulegen, was denn auch in der Sitzung am 28. Juni 1854 geschah. Combes, der berühmte Mechaniker, dessen Freundschaft Hirn sich gewonnen hatte, erstattete hierüber Bericht in den Bulletins der Société d'Encouragement pour l'Industrie nationale in Paris. Hirn macht in seiner Abhandlung strengen Unterschied zwischen einer „unmittelbaren" Reibung bei direkter Berührung und relativer Bewegung zweier trockener Flächen ohne Schmiermittel und einer „mittelbaren" Reibung bei eingefetteten Reibungsflächen. Im ersteren Falle läßt er die bislang anerkannten Morinschen Gesetze fortbestehen, während er für den Fall „mittelbarer" Reibung diese der Geschwindigkeit proportional, unter Umständen auch der Quadratwurzel aus der Geschwindigkeit, aber auch der Quadratwurzel aus dem Drucke und der Größe der Reibungsfläche proportional erklärt.

Diese Abhandlung fand auch jetzt noch energischen Widerspruch, und insbesondere ist es ein Artikel von Professor Decher in Augsburg, der in Dinglers polytechnischem Journal (Band 136 S. 415) erschien und der Hirns Abhandlung nahezu in allen Punkten angreift. Vor allem tadelt Decher, daß Hirn seine neuen Reibungsgesetze, die er auf Grund seiner Versuche gefunden haben wolle, veröffentliche ohne gleichzeitige Vorlage der zugrunde liegenden erhaltenen Versuchszahlenwerte. Auch Rühlmann sagt bei der Besprechung der Hirnschen Versuche, daß ungeachtet der Verdienste, welche jener sich um die mechanische Wärmetheorie erworben habe, seine Versuche über Zapfenreibung nicht zu jenen Arbeiten gehören, womit er sich Anerkennung verschaffte, wenn auch die von Professor Decher gebrauchten Worte als zu scharf bezeichnet werden müssen, wenn dieser sagte: „Die Behauptungen Hirns sind zu abgeschmackt, als daß sie einer Widerlegung bedürften."

Auch in den weiten fachmännischen Kreisen fand Hirns Arbeit nicht die gebührende Beachtung und wurde nur einigen wenigen bekannt durch eine Fußnote in einer Auflage von Poncelets Mechanik.

Hirns Versuche über die Reibung, zu welchen er einen neuen Apparat, die sog. Reibungswage, benützt hatte, der eigentlich nichts anderes war als der bekannte Pronysche Zaum, haben aber für ihn noch ein ganz besonderes bemerkenswertes Ergebnis gehabt. Es gelang ihm, durch jene Versuche auf das schlagendste zu zeigen, daß zwischen der der Überwindung der Reibung entsprechenden Arbeit und der erzeugten Wärme ein ganz bestimmtes Verhältnis gelte, dessen Mittelwert er mit 365 mkg für 1 Wärmeeinheit bestimmte. Auf einen ähnlichen Mittelwert führten ihn die Versuche, die er auf dem Wege des Zerdrückens von Blei und des Lochens und Bohrens von Metallen durchführte. Der Abhandlung, mit der Hirn seine Versuchsergebnisse der Mülhauser Gesellschaft vorlegte, ließ er noch eine längere Ausführung folgen, in deren Einleitung er sagt[2]):

---

[1]) Im folgenden einfach als „Mülhauser Gesellschaft" bezeichnet.
[2]) Bull. de Mulh. **26**, 238.

„Zur Zeit, als ich diese Reihe von Versuchen über die Wärmeerzeugung durch Reibung ausführte, war mir vollständig unbekannt, was in dieser Richtung schon vorher geleistet worden war, und zwar schon vor mehreren Jahren durch Mayer in Heilbronn, dann neuerdings durch Joule in England und durch Regnault in Frankreich. Ich hatte meine Abhandlung schon vollendet und in die Hand von Herrn E. Dollfus übergeben, als ein Artikel von L. Foucault im Journal des Débats vom 8. Juni 1854 mich darüber unterrichtete, daß ich in Hinsicht auf das Gesetz des Wärmeäquivalentes von anderen Physikern überholt sei, und daß ich mich deshalb von der möglichen aber unverdienten Anklage des Plagiates schützen müsse...."

Nun überlegt Hirn, ob er seine Abhandlung ganz zurückziehen, oder ob er sie abändern solle, und in welcher Richtung die Umarbeitung stattfinden könne, und überhaupt, auf welche verschiedene Weise es ihm möglich sei, sich von diesem ihm peinlichen Verdachte zu reinigen, und sagt schließlich[1]):

„Welchen Weg ich dabei einschlagen mußte, war mit keinen Augenblick zweifelhaft, handelte es sich doch für mich um eine große, vielleicht die bisher größte Errungenschaft der Wissenschaft. Die persönliche Eitelkeit mußte zurücktreten und durfte in keiner Weise hemmend eingreifen, wo es sich um die Förderung und Befestigung dieser Errungenschaft handelt... Ich habe mich deshalb entschlossen, den ganzen von mir von Anfang an hergestellten Wortlaut meines Aufsatzes unverändert zu belassen und dabei noch den Sachverhalt offen darzustellen. Die Erkämpfung einer neuen wissenschaftlichen Wahrheit ist keine so kleine Sache, daß man auch nur den geringfügigsten Umstand vernachlässigen dürfte, der zu ihrer Befestigung dienen könnte... Und wenn ich daher auch auf den Anspruch, ein neues Prinzip entdeckt zu haben, unter Beiseitesetzung jeder persönlichen Eitelkeit verzichten muß, so habe ich mich doch für verpflichtet gehalten, der Öffentlichkeit durch vollständige Darlegung meiner eigenen Arbeiten nichts vorzuenthalten, was zur Bestätigung und Befestigung jenes neuen Prinzipes dienen könnte.... Und wenn ich so glücklich sein werde, eine größere Reihe schon begonnener Versuche zu gutem Ende zu führen, so werde ich nicht unterlassen, der Gesellschaft noch eine weitere ausführliche Arbeit über diesen schönen Gegenstand mitzuteilen.... Jetzt, nachdem ich mich in Anerkennung der Priorität anderer ganz in den Schatten gestellt habe, kann ich auch mit vollem Freimut mich über die Wichtigkeit und Tragweite des heute allgemein anerkannten Gesetzes als einer Grundwahrheit aussprechen, jenes Gesetzes, das uns sagt, daß in der Natur nichts vernichtet werden kann, und daß, wenn eine Kraft verschwunden zu sein scheint, sie immer wieder als eine andere Kraft oder als ihr Äquivalent in Erscheinung tritt.... Ein Gesetz von dieser Wichtigkeit kann unmöglich von einem einzigen Menschen allein aufgestellt, entwickelt und gegen jeden Widerspruch geschützt werden; hierzu bedarf es einer großen Zahl von Mitarbeitern...."

Und endlich schließt Hirn sein Begleitschreiben an E. Dollfus mit den Worten[2]):

„Alles, was sich auf die Befestigung und Ausdehnung des großen Gesetzes von Mayer bezieht, ist von so hohem Werte und von solcher Wichtigkeit für den Stand der Mechanik und der Physik, daß Fragen nach der Priorität gar nicht in Betracht kommen können bei jenen, die sich wirklich und ehrlich für die Erkenntnis der Wahrheit interessieren."

Im weiteren Verfolgen des gleichen Zieles, das Gesetz von dem mechanischen Äquivalent der Wärme zu verallgemeinern und seine universelle Gültigkeit zu beweisen, dehnte nun Hirn seine Versuche auf belebte Motoren und deren Lebenswärme aus. Dabei war sein leitender Gedanke, daß ein lebendes Wesen, speziell der Mensch, in physiologischer Hinsicht als Wärmemotor zu betrachten sei, an dem man, wie an einer Dampfmaschine, die thermodynamischen Gesetze studieren

---

[1]) Bull. de Mulh. **26**, 241.
[2]) Bull. de Mulh. **26**, 277.

könne. Seine Ergebnisse legte er in einer Schrift „Recherches sur l'équivalent mécanique de la chaleur" der Berliner physikalischen Gesellschaft vor, die die Schrift annahm und mit dem Preis (von 50 Friedrichsd'or) krönte (1857). Die Hauptergebnisse dieser Schrift lassen sich in die drei Sätze zusammenfassen:

1. Die in jedem Augenblicke im Organismus zur Erscheinung kommende Wärmemenge entspricht beinahe ausschließlich der bei der Atmung aufgenommenen Sauerstoffmenge.
2. Im Ruhezustand des Menschen ist die beim Atmen erzeugte Wärmemenge proportional der aufgenommenen Sauerstoffmenge.
3. Beim Verrichten mechanischer Arbeit verbraucht der Mensch eine Wärmemenge, die wie bei jedem anderen Motor im Verhältnis der geleisteten Arbeit steht.

Mit diesem zuletzt ausgesprochenen Satze schien Hirn eine Tatsache in Widerspruch zu stehen, daß nämlich, wenn ein Mensch eine Arbeit verrichtet, z. B. sein Gewicht beim Besteigen eines Berges auf dessen Höhe hebt, dann der Betreffende nicht nur nicht, wie es Satz 3 aussprechen würde, Wärme verliert und sich daher abkühlt, sondern sogar erhitzt. Aber Hirn erklärt diese Tatsache damit, daß der Mensch — aus physiologischen Gründen — die durch Atem erzeugte Wärme übermäßig steigert und schlecht reguliert; und schließlich gelang es ihm doch, die gesamte Wärme und den in Arbeit umgesetzten Teil der durch Aufnahme von Sauerstoff erzeugten Körperwärme zu messen. Nach Durchführung der nötigen Rechnungen fand er in der Tat, daß der verschwundene, in Arbeit umgesetzte Teil der Atmungswärme mit der geleisteten Arbeit in dem bekannten feststehenden Verhältnis stehe[1]).

In allen seinen späteren Arbeiten und Veröffentlichungen kommt er auf diese fundamentale Wahrheit zurück, deren Folgerungen ihn während seines ganzen Lebenswerkes beschäftigten. Erst in den letzten Jahren dieses nur der Arbeit im Dienste der Wissenschaft geweihten Lebens, im Jahre 1887, veröffentlichte er die Ergebnisse seiner Forschungen in dieser Richtung, d. h über die Gültigkeit des Äquivalenzgesetzes bei lebenden Wesen in der „Revue scientifique" unter dem Titel: „La Thermodynamique et l'étude du travail chez les êtres vivants". Und bis in die Tiefen und Grenzen des Weltalls suchte er unter dem Lichte dieses Gesetzes zu dringen, und sammelte Stoff für sein letztes und zwar sein Meisterwerk: „Constitution de l'espace céleste", das erst 34 Jahre später, kurz vor seinem Tode erschien.

In unüberbrückbarem Widerspruch mit der neuen von Mayer, Joule, Regnault und Hirn vertretenen Lehre stand die alte Theorie von Carnot und Clapeyron, welche die Wärme als etwas Unzerstörbares ansahen, wie eine Materie, welche in einem Motor einfach so wirke, indem sie, getragen von einem Medium, wie Dampf, Wasser, Luft u. a., die Zylinder des Motors passiere, und derart unverändert erhalten bliebe, daß sie vollständig wieder in dem Wasser des Kondensators einer Kondensationsmaschine, oder in dem Auspuffdampf sich finden müsse. Nach der neuen Lehre aber konnte der Dampf nur dadurch ein Mittel zur Gewinnung mechanischer Arbeit werden, daß von seiner Wärme ein der gewonnenen Arbeit proportionaler Teil verschwinde.

Bei diesem Widerstreit der Meinungen — nicht allein bei den Theoretikern, sondern auch in weiten Kreisen der Praktiker — kam Hirn auf den Gedanken,

---

[1]) Louis Figuier, L'année scientifique 1890, **34**, 599.

und teilte seinen Plan auch seinem Freunde E. Dollfus mit, daß man den Schlüssel für die Lösung dieser Frage finden müsse in der Untersuchung der Wirkungsweise des Dampfmantels, wie ihn James Watt schon angewandt hatte, aber wohl ohne sich theoretisch darüber Rechenschaft geben zu können. James Watt hatte nämlich bei Untersuchung einer Newcomen - Maschine gefunden, daß, wenn deren Zylinder vollständig mit Kesseldampf gefüllt werden sollte, hierzu nicht etwa das einfache, sondern das vierfache Zylindervolumen an Dampf nötig war. Watt schrieb diesen Umstand in ganz richtiger Weise einer reichlichen Dampfkondensation und diese einer Abkühlung der Zylinderwandung durch Wärmestrahlung zu. So kam Watt dazu, die Zylinder langsam laufender Cornwall-Maschinen mit Dampfmantel zu versehen, und in der Tat erzielte er eine Verminderung des Dampfverbrauches, wenn auch immerhin noch etwa 50 v. H. des zugeleiteten Dampfes kondensiert wurden. Bei Maschinen aber mit Drehbewegung und 50 bis 60 Umdrehungen wurde der Dampfmantel für unzweckmäßig oder doch für wirkungslos gehalten, und so blieb es bis in die Mitte des 19. Jahrhunderts. Tredgold bestritt sogar, daß ein Dampfmantel überhaupt irgend einen Nutzen haben könne[1]).

Nun begann Hirn seine unvergeßlichen Versuche und schrieb an seinen Freund Dollfus in dem vorhin erwähnten Briefe nachstehendes[2]):

„Für mich ist es eine über jeden Zweifel erhabene, erwiesene Tatsache, daß die immer noch von vielen Ingenieuren geforderte Beseitigung des Dampfmantels, weit entfernt ein Fortschritt oder eine Vereinfachung in der Konstruktion der Dampfmaschine zu sein, vielmehr ein entschiedener Schritt rückwärts in der angewandten Mechanik sei. Habe ich ja doch durch wiederholte, sorgfältige Untersuchungen gefunden, daß die von uns in unserer Fabrik benutzte Woolfsche Maschine mit Dampfmantel 106 PS, ohne solchen nur 82 PS leiste. Übrig bleibt nur, diese neue praktische, außer allem Zweifel stehende Tatsache zu erklären, und das werde ich mich bestreben zu tun in einer Abhandlung, die ich vorzulegen gedenke. Für den Augenblick beschränke ich mich darauf, auszusprechen, daß dieser Gewinn durch den Dampfmantel weder einem verminderten Wärmeverlust nach außen, noch einzig und allein einer durch den Mantel bewirkten Austrocknung des Dampfes zugeschrieben werden kann. Der ganz ungeheure Einfluß des Dampfmantels muß ganz andere Gründe haben."

Und in der Tat legte Hirn in der Sitzung der Mülhauser Gesellschaft vom 25. April 1855 seine Abhandlung über die Wirkungsweise des Dampfmantels vor. Für seine bezüglichen Studien bot sich ihm die zum Betrieb der Fabrik benutzte Woolfsche Maschine, die er so umgebaut hatte, daß sie mit oder ohne Dampfmantel benutzt werden konnte, die er also eigentlich zu seinem Versuchsobjekt umgestaltet hatte. Außer dieser Maschine benutzte Hirn noch, wie er in der Einleitung zu seinem Aufsatze ausdrücklich erwähnt, eine zweite der Betriebsdampfmaschinen, eine Maschine ohne Dampfmantel mit veränderlicher Expansion nach System I. I. Meyer. Die beiden Dampfmaschinen dienten als Ersatz oder als Ergänzung der Betriebskraft, wenn die von den drei vorhandenen Jonvalturbinen gelieferte Kraft bei Wassermangel nicht ausreiche. Für den Fall der Benützung der Maschinen mit Dampfmantel gelangte der vom Kessel gelieferte Frischdampf von $3^3/_4$ at. Spannung zunächst in die Umhüllung des großen (Niederdruck-)Zylinders und von da erst in den Schieberkasten des kleinen (Hochdruck-)Zylinders; bei Versuchen ohne Dampfmantel wurde der Frischdampf direkt in den Schieberkasten des Hochdruckzylinders geleitet.

---

[1]) Unwin. Sonderabdruck, S. 10.
[2]) Bull. de Mulh. **46**, 275.

In seiner der Mülhauser Gesellschaft vorgelegten Abhandlung[1]) beweist Hirn zunächst die Richtigkeit der von ihm in seinem Briefe an Dollfus erwähnten Behauptung über die dem Dampfmantel nicht zukommende Art der Wirkungsweise. Sodann zeigte er, wie es ihm geglückt sei, jene Tatsache auf experimentellem Wege zu beweisen, die Clausius durch Rechnung erhalten habe, daß, wenn gesättigter Dampf expandiere, er sich zum Teil kondensiere, oder doch sich kondensieren würde, wenn dies nicht durch den Dampfmantel verhindert würde. Daß hiervon die Ursache in dem Einfluß der Wandungen liege, zeigt weiter Hirn, indem er darauf hinweist, daß die gewärmten Zylinderwandungen eine teilweise Überhitzung des Dampfes im Zylinder bewirkten.

Im Anschlusse hieran legt er sich die Frage vor[2]), ob der gleiche Zweck, d. h. schließlich die Ersparung von Brennmaterial, sich nicht durch anders bewirkte Erwärmung, z. B. durch Rauchgase, erreichen ließe, wie solches schon durch Dollfus-Mieg in Dornach versucht worden war. Hirns Versuche zeigten aber, daß die erwartete Überhitzung des im Zylinder expandierenden Dampfes durch Rauchgase nur in geringem Maße eintrat. Diese Ergebnis hatte Hirn aus der Beobachtung von Diagrammen erhalten, die er mit dem Wattschen Indikator aufgenommen hatte. Bei dieser Gelegenheit spricht Hirn auch mit höchster Anerkennung von diesem „kleinen wertvollen Instrument", das James Watt erfunden habe und das zu den „ingeniösesten" zähle zum Zwecke der Erkennung und Beurteilung der Wirkung des Dampfes im Zylinder.

Zum ersten Male war es auch bei diesen Versuchen, daß ein Physiker es unternahm, die Wärmevorgänge in der Dampfmaschine so zu verfolgen, daß eine wirkliche Wärmebilanz aufgestellt werden konnte, auf deren einer Seite alle Wärmeeinheiten erschienen, die aus dem Kessel kamen, während auf der anderen Seite die in den Kondensator übergegangenen und die für äußere Arbeit verbrauchten Wärmemengen gesetzt wurden. Nie hat jemand vor Hirn daran gedacht, die in den Kondensator übergegangene Wärme zu messen, nie jemand vor ihm gezeigt, wie eine Wärmebilanz aufgestellt werden könne und müsse, wenn sich daraus Grundlagen für die einzig brauchbare Dampfmaschinentheorie ergeben sollten. Und da Hirn zur Aufstellung seiner Wärmebilanz der Zahl für das mechanische Wärmeäquivalent bedurfte, so hat er bei seinen Rechnungen hierfür jenen Wert eingesetzt, den er sich selbst entwickelte, sozusagen selbst entdeckte, und insoferne wird die Ehre, die ihm von manchen bestritten wurde, immer ungeschmälert bleiben.

Am Schlusse seiner umfangreichen Abhandlung über die Anwendung und den Einfluß des Dampfmantels sagt Hirn[3]):

„Aus meiner Arbeit kann man im großen und ganzen erkennen, wie sich heutzutage in den physikalischen Wissenschaften alles verbindet, und wie einerseits eine strikte Untersuchung von praktischen Tatsachen für den wahren Fortschritt der Naturphilosophie unentbehrlich ist, und andererseits oft abstrakt wissenschaftliche Betrachtungen über gewisse Phänomene zu Resultaten führen, die man als rein praktische und für die Praxis nützliche zu bezeichnen gewöhnt ist. So habe ich oft eine Frage der praktischen und technischen Mechanik in Angriff genommen und bin darüber unwillkürlich in die Beschäftigung mit den Kräften im allgemeinen und in der großen Natur hineingezogen worden. Und umgekehrt konnte man leicht beobachten, wie mich eine rein abstrakte

---

[1]) Bull. de Mulh. **27**, 129.
[2]) Bull. de Mulh. **27**, 147.
[3]) Bull. de Mulh. **27**, 201.

Spekulation direkt auf eine Sache von rein praktischer Bedeutung führte. Und da würde ich es sehr bedauern, wenn jemand mir den Vorwurf machen sollte, ich hätte mich von meinem eigentlichen Gegenstand immer weiter abgelenkt, ins Uferlose, in die Wolken verloren."

Die Beobachtung und Erkenntnis, die Hirn bei seinen Untersuchungen über die Wirkung des Dampfmantels machte, daß während der Expansionsperiode eine Überhitzung des im Zylinder enthaltenen Dampfes durch denjenigen des Dampfmantels eintrete, führte ihn direkt dazu, auch eine anfängliche Überhitzung des Frischdampfes in den Bereich seiner Untersuchungen zu ziehen, und schon im darauffolgenden Jahre 1856 erschien von ihm in den Mülhauser Berichten eine längere Abhandlung, worin er über seine Versuche und Rechnungen in dieser Richtung berichtet. Er sagt selbst in der Einleitung zu dieser Schrift, daß die damit vorgelegte Arbeit sozusagen eine Fortsetzung oder Ergänzung zu der vorhergehenden sei[1]):

„Ich hatte schon damals die Vermutung ausgesprochen, daß man einen erheblichen wirtschaftlichen Gewinn aus dem Brennmaterial erzielen könnte, wenn man Dampf benützte von einer höheren Temperatur, als seiner Spannung im gesättigten Zustand entspräche, also nach Überführung des Dampfes in den Zustand eines Gases, daß aber nur Versuche über die Richtigkeit dieser Annahme entscheiden könnten. Und diese Vermutung, die ich in meiner Abhandlung vom Jahre 1855 — jedoch nur mit Vorbehalt — ausgesprochen hatte, ist inzwischen durch die von mehreren Beobachtern erhaltenen Resultate zur Wahrheit geworden."

In bezug auf die Priorität der Entdeckung der Wirkung der Dampfüberhitzung sagt aber Professor Dwelshauvers-Dery in Lüttich:

„Ich werde wohl das Andenken meines Freundes Hirn nicht verletzen, wenn ich nachstehende Tatsache erwähne, welche ich ihm selbst zu seiner großen Überraschung im Jahre 1875 erzählt habe. Die Anwendung von überhitztem Dampf war zuerst in Vorschlag gebracht worden durch einen belgischen Ingenieur, Ferdinand Spineux, vor mehr als 15 Jahren (ehe Hirn seine bezüglichen Arbeiten begann). Ein in Antwerpen gemachter Versuch zeigte die Wirtschaftlichkeit der Anwendung von überhitztem Dampf, und Spineux bewarb sich um einen Preis, der auf die größte Verbesserung an der Dampfmaschine gesetzt worden war. Die Preisrichter aber sahen in der Anwendung von überhitztem Dampf praktische Gefahren und erkannten Spineux den Preis nicht zu."

Die Versuche, die nun Hirn in seiner Abhandlung beschreibt, wurden durchgeführt an den beiden Betriebsdampfmaschinen der Logelbacher Spinnerei, einer Woolfschen und einer stehenden von ihm gebauten einzylindrigen Maschine, deren jede ungefähr 110 PS leistete. Da es im Plane Hirns war, vergleichende Versuche mit überhitztem und mit gesättigtem Dampfe und ebenso mit und ohne Dampfmantel durchzuführen, so war er gezwungen, mannigfache Abänderungen an den beiden Betriebsmaschinen einzuführen, und da der Betrieb nicht darunter leiden durfte, eine große Anzahl von Schwierigkeiten zu überwinden. Unter diesen waren die Auswahl und Herstellung des geeigneten Schmiermaterials für die stark erhitzten Kolben und Stopfbüchsen, für Schieber und Ventile nicht die geringsten.

Hirn fand durch seine Versuche also bestätigt, wovon er im voraus schon überzeugt war, daß der Einfluß der Zylinderwandungen bei Dampfmaschinen ein ungeheurer sei, und daß dieser Einfluß den Verlauf der gesamten Dampfwirkung im Zylinder, d. h. nicht nur seine Zustandsänderung während der Expansions-

---

[1]) Bull. de Mulh. **28**, 5.

periode, sondern auch sein Verhalten beim Aus- und Eintritt wesentlich beeinflusse. So schloß er aus den Versuchen, daß zum Zweck der Erzielung günstiger Dampfwirkung die Dampfverteilung, anstatt wie bisher durch einen einzigen Schieber in einem Schieberkasten, nie anders als durch vier getrennte Dampfkanäle, zwei für die Ein- und zwei für die Ausströmung, und daher auch durch vier gesonderte Steuerungsventile oder -schieber geschehen muß. „Denn", sagte er[1]:

„man wird hierdurch nicht nur die erheblichen schädlichen Räume vermindern können, sondern man wird es auch vermeiden, daß Einströmungsdampf von hoher, etwa 210° betragender Temperatur, den gleichen Kanal passiere, durch welchen eben voller Auspuffdampf von etwa 60° geflossen ist. Es ist widersinnig, den Auspuffdampf durch einen Raum strömen zu lassen, der ringsum von Einströmungsdampf umgeben ist, und dieser Widersinn steigert sich noch bei Benutzung von überhitztem Dampf."

Und noch ein anderes ist es, was ihm zur Überzeugung wurde bei Würdigung des Einflusses der Zylinderwandungen, und was zunächst als irrtümlich erscheinen möchte, daß nämlich die Kolbenreibung durchaus nicht in ihrem ganzen Betrage eine verlorene Arbeit darstelle.

„Denn die durch Kolbenreibung erzeugte Wärme muß in einem durch einen guten Wärmeschutz umhüllten Zylinder in dessen Wandungen zurückgehalten werden, und so wirken wie ein Dampfmantel und den im Zylinder expandierenden Dampf überhitzend beeinflussen[2]."

Hirn war damit einen gewaltigen Schritt weiter gegangen als Clausius und Rankine, welche aufbauend auf den von Regnault herrührenden Werten für die Eigenschaften des Dampfes eine Theorie ganz abstrakter Art aufgestellt hatten (von Hirn „théorie générique" genannt). Für sie war der Dampfzylinder zwar ein Maschinenorgan zur Aufnahme des Dampfes, aber mit Ausnahme seiner Form und Starrheit aller physikalischen Eigenschaften des Materials entkleidet, ohne jede Wärmeleitungs- oder Wärmedurchgangsfähigkeit, also ohne jeden Wärmeaustausch zwischen Dampf und Zylinderwandung, welch letztere wenigstens in ihrer innersten dünnen Materialschichte dieselben Wärmeverwandlungen durchzumachen hat, wie der Dampf selbst.

Und nun bespricht Hirn für die verschiedenen Maschinenanordnungen die Wirkung von überhitztem Dampf, zeigt dessen wirtschaftlichen Vorteil und die konstruktiven Modifikationen, die durch die hohe Temperatur des Dampfes bedingt sind, und sagt schließlich[3]:

„Ich habe nun die Ursachen angegeben, welche die gute Wirkung der Überhitzung zu verkleinern, ja ganz zu vernichten imstande sind; ich habe auch, was die Konstruktion der Maschinen betrifft, die Mittel angegeben, um solche Mißerfolge zu vermeiden, und kann behaupten, daß man bei allen existierenden Maschinen imstande sein wird, die Konstruktion der Kolben, Kolbenstangen, Stopfbüchsen und der sonstigen Teile derart zu vervollkommen, daß sie für die Benutzung von überhitztem Dampfe geeignet sind, während ohne jene Vorsichtsmaßregeln zweifellos Mißerfolge herbeigeführt werden."

Bei Betrachtung der Versuchsergebnisse selbst, welche in einer umfangreichen Tabelle als Anhang zu dieser Abhandlung sich zusammengestellt finden, sind besonders diejenigen Zahlen von Interesse, welche die Beziehung zwischen dem verschwundenen Wärmewert und der erzielten mechanischen Arbeit darstellen. Diese Zahlenwerte, welche eigentlich das mechanische Wärmeäquivalent geben sollten,

---

[1] Bull. de Mulh. **28**, 66.
[2] Bull. de Mulh. **28**, 56.
[3] Bull. de Mulh. **28**, 66.

sind aber in jener Versuchstabelle zum größten Teil wesentlich geringer als der von Hirn selbst bei seinen Reibungsversuchen, sowie von anderen wie Meyer gewonnenen Werten, gehen sogar bis 120 mkg herab. Hirn selbst ist durch dieses Ergebnis überrascht und äußert sich hierüber in folgender Weise[1]):

„Wenn ich auch die möglichen Irrtümer bei meinen Versuchen noch so hoch einschätze, ist es mir doch unmöglich, sie als Veranlassung von Differenzen in solcher Höhe anzusehen; auch ist es mir unmöglich, für diese Beziehungen irgendeine Gesetzmäßigkeit herauszufinden."

Er sucht nun eine Erklärung hierfür und kommt endlich zu dem Schluß, daß der Dampfmaschine in der damals vorhandenen Konstruktion nur ein geringer Wirkungsgrad zukäme, und:

„es wird lange Zeit vergehen, bis es erreicht wird, daß die Dampfmaschine die dem Heizwert des verbrauchten Brennmaterials entsprechende Wärmemenge besser oder doch so gut verwertet wie die Gasmaschine, welcher ein Wirkungsgrad von 75% entspricht. Aber es ist kein Grund vorhanden, zu zweifeln oder gar zu verzweifeln. Denn: was war die Dampfmaschine, als James Watt sich ihrer annahm? Und was ist seitdem unsere Dampfmaschine schon geworden im Vergleich mit der besten solchen aus der Hand von Watt?

Die ausgedehntesten Versuche nach dem Vorbilde und der Lehre von Hirn wurden im Jahre 1866 im Auftrage der Mülhauser Gesellschaft ausgeführt von G. Leloutre, der darüber in der Sitzung vom 28. Nov. dieses Jahres berichtet und am Schlusse des Berichtes sagt[2]):

„Die Herren Haussmann, Jordan, Hirn & Cie. haben allmählich ihre vier Betriebsdampfmaschinen, zu denen später noch eine fünfte neue kam, für die Benutzung von überhitztem Dampf eingerichtet. Alle diese Maschinen, die nur einfachen Heizern zur Wartung und Bedienung überlassen waren, befanden sich in diesem Zustand bereits seit 6 oder 7 Jahren; während dieser ganzen Zeit wurde nie eine Betriebsstörung beobachtet, die auf die Anwendung des überhitzten Dampfes zurückzuführen wäre, während andererseits eine erhebliche Ersparung von Brennmaterial dadurch herbeigeführt worden ist."

Und in der gleichen Sitzung wurde ein Bericht des Ingenieurs W. Grosseteste verlesen, der im Dienste von Dollfus - Mieg & Cie mit einer Maschine von 200 PS mit Dampfüberhitzung Versuche angestellt hatte; dieser sagt[3]):

„Wir haben wahrgenommen, daß, sobald der Überhitzungsapparat abgestellt wurde, jedesmal eine bedeutende Steigerung des Brennmaterialverbrauches eintrat."

Nachdem dann noch Direktor Scheller von der Spinnerei in Bulach nach seinen eigenen Beobachtungen diesem günstigen Urteile vollkommen zustimmen konnte, wandte sich Leloutre an die Kollegen und Mitglieder der Mülhauser Gesellschaft und sagte:

„Ich bin glücklich, die schönen Erfolge unseres Mitgliedes Hirn konstatieren zu können, und Sie werden sich gerne mit mir vereinigen, um ihm unsern aufrichtigen Glückwunsch auszudrücken."

Nach alledem kann es als selbstverständlich gelten, daß Hirns bahnbrechende Arbeiten Schule machten, und machen mußten, und daß sich Männer um ihn scharten, die von ihm lernen, an seinen Arbeiten teilnehmen wollten. Unter diesen

---

[1]) Bull. de Mulh. **28**, 90 u. ff.
[2]) Bull. de Mulh. **37**, 147.
[3]) Bull. de Mulh. **37**, 236.

war der erste, der sich an ihn als Schüler anschloß, dann aber mit ihm durch innigste Freundschaft verbunden war, Octave René Hallauer[1]). Dieser, im Jahre 1842 in Metz geboren, hatte schon während seiner Schulzeit seine ganz außerordentliche Begabung für Mathematik und Mechanik, sowie für alle graphischen und künstlerischen Arbeiten gezeigt, und hatte auch unmittelbar von der Schule weg alsbald in der Fabrik von Stehelin in Bitschwiller Stellung gefunden. Im Jahre 1868 trat er in die Fabrik in Grafenstaden bei Straßburg ein und kam, als dem Ingenieur dieser Firma Leloutre deren Vertretung in Mülhausen übertragen wurde, als Sekretär von Leloutre mit diesem nach Mülhausen. In diese Zeit fallen die ersten experimentellen Untersuchungen, die Hallauer an Dampfmaschinen durchführte, und es konnte kaum anders kommen, als daß Hallauer sich hierbei über die Methoden und Ergebnisse von Hirns Untersuchungen genau unterrichtete. Noch aber machte er diese seine ersten eigenen Versuche als Sekretär von Leloutre. Da wurden Hallauers Arbeiten jäh unterbrochen durch den Ausbruch des deutschfranzösischen Krieges. Nach der Katastrophe von Sedan verließ er plötzlich seine Stellung, kleidete und bewaffnete sich als Franktireur und folgte als solcher von Anfang September an den regulären Armeen, zuerst der Loire-Armee und dann derjenigen von Bourbaki. Dabei wurde er krank und lag dann vier Monate schwer leidend im Lazarett in Lyon, bis er wieder nach Mülhausen zurückkehren konnte. Dort nahm er eine Stellung als Ingenieur bei dem Verein von Dampfmaschinenbesitzern an, welche Stellung ihn mit Hirn in nähere Berührung brachte. Nun arbeitete er regelmäßig in experimentellen Untersuchungen an Dampfmaschinen, teils in Gemeinschaft mit Hirn, teils für sich allein, im letzteren Falle aber immer auf dem Wege, der ihm durch Hirns Arbeiten als der allein richtige vorgezeichnet war. —

Der zweite Genosse bei den Arbeiten Hirns war Dwelshauvers-Dery, Professor an der Universität Lüttich; dieser erzählt selbst über die Umstände, unter welchen er mit Hirn bekannt wurde, in seinen „Erinnerungen" folgendes[2]):

„Es war im Jahre 1873; da wurde unsere Bekanntschaft dadurch angebahnt, daß ich seine Experimente kritisierte. Er antwortete auf meine Kritik, indem er mich gleichzeitig einlud, zu ihm zu kommen und seine Experimente zu prüfen, meine Augen für die Tatsachen zu öffnen und hieraus dann selbst meine Schlüsse zu ziehen. Das war eben sein Weg, daß er Tatsachen zeigen wollte und nicht einfach Anschauungen und Meinungen lehren. So nahm ich also an den umfangreichen Versuchen teil, welche Hirn leitete und welche von Hallauer, von Ingenieur Grosseteste und mir durchgeführt wurden. Ein erschöpfender Bericht hierüber wurde am 11. Mai 1876 der Mülhauser Gesellschaft vorgelegt und im darauffolgenden Jahre, verfaßt durch Hallauer, in den Mülhauser Berichten veröffentlicht."

Der dritte Teilnehmer an jenen Versuchen war William Grosseteste, damals Ingenieur in Mülhausen und Sekretär der „Société industrielle".

Dem eben vorher von Dwelshauvers erwähnten Berichte über jene Versuche schickte Hirn ein Vorwort voraus, worin er sagt[3]):

„Man wird verstehen, mit welcher Befriedigung ich das Verlangen der Herren Dwelshauvers, Hallauer und Grosseteste aufgenommen habe, die mir verbindlich ihre Mitarbeit angeboten haben. Ich aber bin dabei zu dem Entschluß gekommen, mich selbst der ganzen zu unternehmenden Versuchsreihe fernzuhalten. Ich hielt

---

[1]) Bull. de Mulh. **54**, 135.
[2]) Dwelshauvers, Erinnerungen. Engineering 1890, S. 120.
[3]) Bull. de Mulh. **47**, 141.

darauf, meine drei Mitarbeiter ganz frei handeln und in ihrem Urteil gänzlich unbeeinflußt zu lassen. Immerhin habe ich mir vorbehalten, einzuspringen, um meinen Rat zu geben, oder — am Abschlusse jeder Versuchsreihe nachzusehen, ob sich nicht größere oder unvorhergesehene Fehler ergeben hätten. Indem ich mich in dieser Weise zur Seite gesetzt habe, glaube ich doch — um gerecht zu sein — aussprechen zu sollen, daß der Anteil der drei Männer an dem experimentellen Teil der gemeinsamen Arbeit der gleiche ist. Aber was die Ausarbeitung der Versuchsergebnisse betrifft und die langwierigen und oft langweiligen Rechnungen, so hat Hallauer diesen — gewissermaßen wesentlichsten Teil der Arbeit allein übernommen, und die Herren Dwelshauvers und Grosseteste werden sich gerne mit mir vereinigen, um jenem unsern Dank auszusprechen. Die Redaktion, die schriftstellerische Ausarbeitung kann, um die Einheitlichkeit zu wahren, nicht gut anders als durch eine Person gefertigt werden .... Ich danke ihm daher im Namen der beiden andern Mitarbeiter für die Art, wie er sich dieser Aufgabe entledigt hat. Der Leser wird in der Abhandlung mehr als einen neuen Gesichtspunkt finden, der ihm — Hallauer — allein zugehört[1])."

Der hohe wissenschaftliche Wert der Hirnschen Forschungsarbeiten, welche in den erwähnten Versuchsreihen ihren Ausdruck gefunden hatten, fand eine gebührende Anerkennung in der Zuerteilung des Preises von Emil Dollfus durch die Mülhauser Industrielle Gesellschaft. Diese Gesellschaft, welcher Hirn seit dem Jahre 1844 als Mitglied angehörte, und die ihn 1866 zu ihrem korrespondierenden Mitglied ernannt hatte, in deren Berichten (Bulletins) die ersten Arbeiten Hirns über angewandte und mechanische Physik erschienen waren, hatte gemäß einer Stiftung ihres Vorstandes E. Dollfus, zur Erinnerung an diesen, die Erteilung eines Preises beschlossen, bestehend aus einer Ehrendenkmünze und 5000 Fr. Dieser Preis sollte alle 10 Jahre verliehen werden an denjenigen, von welchem eine Erfindung, Entdeckung oder praktische Anwendung herrühre, die ihren Ursprung im Laufe der letzten 10 Jahre gefunden habe und nach dem Urteil der Sachverständigenkommission als die nützlichste erklärt würde für eine der großen im Oberrheinbezirk vertretenen Industrien. Der Sprecher der Gesellschaft bezeichnete den unserem Hirn verliehenen Preis als zuerkannt für die Gesamtheit seiner Arbeiten und von deren verwertbaren Resultaten, aber auch gleichzeitig als eine öffentliche Huldigung und als Zeichen der höchsten Wertschätzung für ihn als Mensch und als uneigennützigen Gelehrten[2]).

Ungeachtet des großen Erfolges, der durch seine und seiner Mitarbeiter Untersuchungen erzielt worden war, fand Hirn doch die größten Schwierigkeiten, andere zu veranlassen, sein System der Überhitzung anzunehmen und bei der thermodynamischen Beurteilung einer Dampfmaschine auf den Einfluß der Materialien von Zylinder, Kolben usw. usw. Rücksicht zu nehmen. Gar viele entmutigte, wie Schwoerer sagt[3]), die Erkenntnis, daß sie zu diesem Zwecke da anfangen müßten zu arbeiten, wo man bisher gewöhnt war, aufzuhören und umgekehrt. Wirklichen Kummer bereitete Hirn aber ein Angriff, der von eng befreundeter und hoch

---

[1]) Bald nach diesem Tage, an wechem Hirn in der Sitzung der Mülhauser Gesellschaft seinen Mitarbeitern und vor allem Hallauer so hohe Anerkennung zuteil werden ließ, wäre er selbst und Professor Dwelshauvers beinahe das Opfer eines schweren Unglücksfalls geworden. Am 21. August 1878 befand sich letzterer in Begleitung seines jungen Sohnes an der zu den Versuchen benutzten Maschine und hatte diese eben einen Augenblick verlassen, als sie plötzlich zerbarst und verschiedene schwere Maschinenteile mit großer Wucht weggeschleudert wurden. Hirn glaubte schon beide als Opfer dieser Katastrophe tot im Maschinenhause vorzufinden und war überglücklich, als er sie außen antraf und ihnen von dem Ereignis berichten konnte. Dwelshauvers Erinnerungen. Engineering 1890.

[2]) Bull. de Mulh. 49, 525.

[3]) Faudel und Schwoerer, S. 25.

geschätzter Seite kam, und der ihn um so schmerzlicher traf, als der geführte Schlag nicht allein gegen die von ihm vertretene Anschauung, sondern gegen seine Person selbst geführt war.

Dieser Angriff rührte von Zeuner her, den Hirn in seiner Entgegnung „mon éminent ami" nennt, und der mit kurzen Worten über die experimentellen Studienarbeiten der elsässischen „Phalanx" sagt, daß die von diesen gezogenen Schlüsse nichtig seien und unzutreffend vom Gesichtspunkte der Thermodynamik[1]). Zeuner drückt sich u. a. auf folgende Weise aus:

„Es ist zu wiederholten Malen gesagt worden, daß die Elsässer Untersuchungen den Weg geöffnet haben für eine neue Dampfmaschinentheorie, und daß alles, was bis dahin in dieser Richtung geleistet worden, überholt sei. Aber diese Behauptung entspricht in keiner Weise der Wahrheit. Ich bin weit entfernt, den Einfluß der Wandungen auf die Zustandsänderungen des Dampfes zu leugnen; aber die Elsässer Versuche bringen keinesfalls Licht in die Größe dieses Einflusses. Ich halte meine Theorie der Dampfmaschine in ihrem vollen Umfang aufrecht[2]) . . . ."

„Man sieht," sagt Hirn in seiner Entgegnung, „daß es sich nicht nur um eine Kritik handelt, sondern um eine absolute Verneinung der Schlüsse, welche die Elsässer Forscher aus ihren Arbeiten gezogen haben." Wir müssen uns an dieser Stelle versagen, die ganze Widerlegung, die Hirn dem Zeunerschen Angriff zuteil werden läßt, zu bringen, sondern wollen nur deren Schlußsätze erwähnen[3]):

„Die Untersuchungen der Elsässer bleiben stehen, nicht allein in Ansehung der Genauigkeit der verschiedenen neuen Zahlenwerte, die sie verschafften, sondern auch der Richtigkeit ihrer physikalischen Schlußfolgerungen in bezug auf den Einfluß des Materiales der Zylinderwandungen . . . . Die Kritik meines ausgezeichneten Freundes wird — und hierfür muß ich ihm dankbar sein — wenigstens das Resultat haben, daß hierdurch in einer unbestreitbaren Weise die Priorität der Elsässischen Forscher festgestellt ist und damit auch desjenigen, der die Ehre hat, deren verantwortliches Haupt zu sein."

Bald darauf erschien von Zeuner eine zweite kritische Abhandlung über die Versuche der Elsässer, aber in noch gereizterer Stimmung und in für Hirn beleidigenden Ausdrücken, worauf von Hirn sowohl als von Hallauer Entgegnungen erschienen, in deren Einleitung Hirn sagt[4]):

„Weit entfernt, unsern Beweisgründen auch nur im geringsten Konzessionen zu machen, trifft uns der ausgezeichnete Analytiker mit einem vollständigen Verdammungsurteil, und zwar mit Ausdrücken, die uns ein Stillschweigen nicht gestatten würden, auch wenn das wissenschaftliche und praktische Interesse der Frage nicht eine Antwort ganz hervorragend nützlich erscheinen ließe."

Hirn durfte einen solchen schroffen persönlichen Angriff um so weniger erwarten, als er selbst in allen seinen Schriften nicht nur mit Worten der höchsten Wertschätzung, ja Bewunderung gesprochen, sondern auch fortwährend den theoretischen Arbeiten seines „ausgezeichneten Freundes" die höchste Anerkennung zuerkannt hatte. Am Schlusse seiner Erwiderung sagt Hirn, in der unverkennbaren Absicht einer Klärung der Sache und einer Versöhnung, der Kernpunkt der neuen Phase des Streites müsse eben darin gesehen werden, daß die Störungen im Verhalten des Dampfes, wie sie unverkennbar aus dem Indikator-

---

[1]) Civilingenieur 1881, S. 385.
[2]) Bull. de Mulh. **51**, 316.
[3]) Bull. de Mulh. **51**, 359.
[4]) Civilingenieur 1882, Nr. 5. — Bull. de Mulh. **52**, 435.

diagramm hervorgingen, von Zeuner dem Vorhandensein von Wasser in den freien, schädlichen Räumen zugeschrieben würden; er (Hirn) aber, der er das Vorhandensein von Wasser in den Zylindern keineswegs leugne, nehme an, daß dieses Wasser tatsächlich nur zeitweise dort vorhanden sei, bei jedem Kolbenhube ausgestoßen und wieder erneuert werde, und überhaupt nur als vermittelnd für die Wärmeübertragung zwischen den leitenden Wandungen des Zylinders und dessen Dampfinhalt wirken könne. Nach der Auslegung der „Elsässer" erhöhe sonach die Anwesenheit des Wassers in wechselndem Maße die thermische Wirkung der Zylinderwandungen. Nach der Auslegung von Zeuner dagegen habe eine „fortdauernd" vorhandene Wassermenge mit den Zylinderwandungen gar nichts zu tun, und darin läge also vom Gesichtspunkte der angewandten Physik der wesentliche grundsätzliche Unterschied der beiderseitigen Anschauungen.

So war also der ganze Streit Hirn-Zeuner ein Streit zwischen Wasser und Eisen, wie sich Gustav Schmidt in Prag in humoristischer Weise ausdrückt, der um dieselbe Zeit ebenfalls auf dem wissenschaftlichen Kampfplatz erschienen war, aber mit einer Schrift, durch welche sich Zeuner von Gustav Schmidt in „ganz unqualifizierbarer Weise" angegriffen fühlte[1]).

In seiner hierauf erfolgenden letzten Erwiderung an Hirn endlich hat Zeuner seine Anschauungen wesentlich modifiziert, und der Streit, der leider nicht durchweg sachlich und in höflichem Geiste geführt worden war, hat damit sein Ende gefunden. Aber einen großen, nicht hoch genug zu schätzenden Erfolg hatte dieser ganze Streit, was von Professor Dwelshauvers sehr treffend dargestellt wird: eine Flut von Licht wurde über den ganzen Gegenstand verbreitet. Manche dunkle und verwickelte Frage wurde erleuchtet, während gleichzeitig durch die Öffentlichkeit, welche der ganzen Diskussion gegeben wurde, die Aufmerksamkeit der Ingenieure auf die Arbeiten und Theorien von Hirn und seinen elsässischen Kollegen gelenkt wurde und die von nun an wirklich volkstümlich wurden[2]).

Auch Hallauer, der treffliche Mitarbeiter von Hirn, schließt sich diesem Ausspruch von Dwelshauvers an; er bietet Zeuner am Schlusse seiner letzten Erwiderung die Hand zur Versöhnung, indem er sagt[3]):

„Es bleibt mir nur noch übrig, Herrn Zeuner für seinen Angriff zu danken; denn dieser hat uns Veranlassung zu neuer Arbeit gegeben, die wir für sehr nützlich halten. Herr Zeuner hat das Verdienst, in vier eleganten Gleichungen die Gesamtheit der Phänomene ausgedrückt zu haben, die sich im Zylinder bei der Dampfeinströmung, der Expansion, der Kondensation und der schließlichen Kompression abspielen; Gleichungen, welche in ihrer Gesamtheit und in ihren gegenseitigen Beziehungen doch nichts anderes sind als eine Übersetzung in algebraische Symbole von allen den einfachen arithmetischen Operationen, welche die Elsässer Ingenieure bei der Darstellung und Verbindung ihrer Versuchsergebnisse verwendet hatten."

Diese Versöhnung kam insoweit nachträglich zum Ausdruck, als Zeuner dem Herrn Schwoerer — welcher ihn nach Hirns Tode aufsuchte — sein Bedauern erklärte, diesen peinlichen Streit angefacht zu haben.

Die weiteren Arbeiten, die die Elsässer Forscher nunmehr auf Grundlage der Diskussionen mit Zeuner zu unternehmen sich anschickten, wurden in ihrem Beginn schon jäh unterbrochen durch Hallauers plötzlichen Tod am 5. Dezember 1883. Hirn, obwohl stets ein echter Philosoph, war über den Verlust untröstlich und

---

[1]) Dinglers Journal 1882, **244**. — Bull. de Mulh. **52**, 472.
[2]) Dwelshauvers Erinnerungen.
[3]) Bull. de Mulh. **52**, 522.

äußerte sich seinem Mitarbeiter Dwelshauvers gegenüber, Hallauer habe ihm nur einmal Verdruß verursacht, das sei durch seinen Tod gewesen. Rührend, tief ergreifend sind die Worte, die er seinem dahingegangenen Schüler und Freunde in der Sitzung der Mülhauser Gesellschaft vom 30. Januar 1884 widmete, worin er sagt[1]:

„Hallauer hat mich gerne seinen Führer, seinen Lehrer genannt, und heute bin ich es, der berufen ist, seinem Schüler den letzten Liebesdienst zu erweisen, den ich billigerweise einst von ihm erwarten durfte: ich soll sein Biograph sein. Er, bis vor kurzem mitten in der Tätigkeit, von scheinbar unverwüstlicher Gesundheit, er, den man berufen glauben konnte, seine originellen Arbeiten noch durch ungezählte Jahre fortsetzen zu können, — ich, immer leidend und augenscheinlich gebrechlich, der ich mich seit langem daran gewöhnt hatte, jenseits der Nebel des Horizontes die Konturen des Landes der Verheißung zu suchen! Schmerzhafte Aufgabe, die mir auferlegt ist.... Ich sehe ihn vor mir mit seinem offenen, liebenswürdigen Wesen, das beim Anblick eines Freundes aufstrahlte vor Freude, der mir in meinen heiteren Tagen meine Freude erhöhte, in den mühseligen Tagen mir Trost, in den Tagen des Kummers und der Prüfungen aber immer den Frieden des Herzens brachte."

Endlich muß noch einer Arbeit Hirns Erwähnung geschehen, welche in Abbé Moignos Cosmos, 2. Serie, Bd. XII erschienen war, weil sich diese Arbeit auf eine Frage bezieht, die neuerdings wieder Gegenstand der Verhandlungen der Eisenbahntechniker geworden ist und in einem Vortrage des Herrn Eisenbahndirektors Froitzheim[2]) behandelt wurde, nämlich die Inanspruchnahme der Achsen der Fahrzeuge auf Torsion, die dadurch entstehenden Achsenbrüche und Eisenbahnunfälle. Der Vortrag, betitelt „Der starre Radsatz und das freie Laufrad", kommt zum Schlusse, daß diesem Übelstand abgeholfen werden könnte, wenn man nicht mehr starre Radsätze mit zwei auf der Achse fest aufgekeilten Rädern anwende, sondern eines der beiden Räder frei auf der Achse drehbar sein lasse. Zu dem gleichen Vorschlage war auch Hirn bereits im Jahre 1866 gelangt, und er sagt in dem angegebenen Artikel im „Cosmos":

„Das von mir angegebene Mittel ist zu einfach und einleuchtend, als daß es nicht von jedermann verstanden, und, was das wichtigste ist, allgemein eingeführt werden könnte. Ich müßte mich in der Tat wundern, wenn es nicht schon — ohne mein Wissen — auf irgend einer einzelnen Bahnlinie angewandt wäre. Dabei sehe ich vollständig ab von der Beanspruchung des Verdienstes der Priorität dieser Idee, ich würde glücklich sein, wenn ich das Verdienst hätte, beigetragen zu haben zur Verbreitung einer einfachen und hervorragend wertvollen Vorsichtsmaßregel zur Erhöhung der Sicherheit des die Eisenbahn benützenden Publikums."

Wenn wir damit eine Skizze der ersten Hälfte der Lebensarbeit von Gustav Adolf Hirn, d. h. seiner Leistungen als Ingenieur, zum Abschluß bringen, so müssen wir auch noch, um gerecht und billig zu sein, seine Arbeiten nicht etwa beurteilen vom Standpunkte der heutigen tatsächlichen Verhältnisse. Wir dürfen nicht an die industriellen und wirtschaftlichen und auch wissenschaftlichen Organisationen der Dampfmaschinenbesitzer von heute denken, die über alle Hilfsquellen der Wissenschaft und des Kapitals verfügen, und über geschulte und gewandte Ingenieure. Unser Elsässer Ingenieur befand sich inmitten einer industriellen, nur mit praktischen Fragen sich beschäftigenden Bevölkerung, die nur hierfür Sinn hatte und sich gegen jede Neuerung auflehnte, deren Zweck sie nicht als direkt verwertbar anerkannte. Wir müssen, um Hirns großartige Leistung richtig zu würdigen,

---

[1]) Bull. de Mulh. **54**, 135.
[2]) Glasers Annalen 1911, 1. Januar, (S. 13).

bedenken, daß er gezwungen war, alle Apparate zur Messung von Kräften und zur Bestimmung von Dampfdichten selbst zu bauen; man muß berücksichtigen, daß Hirn, mit bescheidenen Glücksgütern gesegnet, seine thermodynamischen Versuche nahezu vollständig auf seine eigenen Kosten durchführen mußte; endlich daß er alles dies tun mußte, stets gehindert durch seinen schwachen, empfindlichen Körper, der den anstrengenden Versuchen mit seinen Dampfmaschinen kaum gewachsen war, und der diesen Mühen wohl unterlegen wäre, hätte er nicht an Leloutre, Hallauer, Grosseteste und Dwelshauvers so treue und unermüdliche Helfer gehabt.

Hätte Hirn keine anderen Erfolge und Ergebnisse seiner Forschungsarbeiten aufzuweisen, als diejenigen in bezug auf die Dampfmaschine, die im Vorhergehenden kurz dargestellt sind, so würde man sie für genügend an Umfang und Wert ansehen müssen, um die kostbare Frucht eines ganzen Menschenlebens zu bilden. Bei Hirn aber bildeten sie nur sein Arbeitsgebiet während einer ersten Periode seines nimmermüden Lebens. In einer zweiten Periode danken wir seinem Forschergeiste Arbeiten, welche an rein wissenschaftlichem Werte vielleicht, zum Teil wenigstens, über diejenigen der ersten Periode zu setzen sind. Denn nachdem er sich von der ausschließlich industriellen Tätigkeit zurückgezogen hatte, und er sich durch die dort sich bietenden Probleme nicht mehr in dem früheren Maße in Anspruch genommen fühlte, konnte er sich auf dem seiner innersten Neigung entsprechenden rein wissenschaftlichen und philosophischen Gebiete beschäftigen. Von diesen Arbeiten Hirns sagt sein Biograph E. Schwoerer[1]), daß ihnen freilich kein solcher direkter materieller Nutzen zukam, daß sie unmittelbar zum Gewinn für die Menschheit ausgemünzt werden konnten, der Menschheit, die Hirn und seine Arbeiten überhaupt noch nicht verstand. Aber ihr innerlicher Wert sei ein ganz ungeheurer, und erst nach und nach werde man sich darüber Rechenschaft geben können.

Unter die Arbeiten dieser Periode gehören auch Hirns meteorologische und astronomische Studien und Beobachtungen, deren erstere er schon vor Jahren im Verein mit seinem Bruder Ferdinand begonnen hatte, und über welche er in den Jahren 1860 bis 1885 eine Reihe von Veröffentlichungen erscheinen ließ, die zum großen Teil in Abbé Moignos Zeitschrift „Kosmos" enthalten sind. Gegenstand dieser Aufsätze sind von Hirn beobachtete atmosphärische Ereignisse, Wirbelerscheinungen in Flüssigkeiten, Entstehung von Wind- und Wasserhosen, ein Wirbelsturm, der am Oberrhein unter besonders verheerenden Wirkungen auftrat, eine eigentümliche Wirkung eines Windstoßes, endlich die noch erinnerlich auffallenden Dämmerungserscheinungen, die man als sogenannte Krakatoaröte Ende des Jahres 1883 auf einem großen Teil der Erdoberfläche beobachten konnte[2]).

Über den letzteren Gegenstand verfaßte er eine Abhandlung, die der Königl. Belgischen Akademie der Wissenschaften durch deren Mitglied Dr. Melsens vorgelegt wurde[3]). Hirn schließt sich darin der vielfach vertretenen Ansicht über den Ursprung dieser Dämmerungserscheinungen nicht an, wonach diese von vulkanischen festen, staubförmigen oder von flüssigen Teilchen herrühren sollten, die bei der Eruption des Krakatoa hoch in die Atmosphäre geschleudert worden seien, und bei

---

[1]) Faudel und Schwoerer, S. 31.
[2]) Faudel und Schwoerer, S. 42.
[3]) Berichte der Belgischen Akademie 1885, Nr. 9.

ihrem Fluge um die Erde von den Strahlen der Sonne vor deren Aufgange und nach deren Untergang beleuchtet würden. Hirn vertritt die Ansicht, daß diese Dämmerungserscheinung unabhängig von der Krakatoa-Eruption gewesen und dadurch entstanden sei, daß die Erde damals durch eine Wolke kosmischen Staubes gegangen sei, und sagt schließlich:

„Diese Dämmerungserscheinungen sind unter die Zahl jener Phänomene zu rechnen, deren Ursache — wie Plinius so schön sagt — sich hinter der Majestät der Natur verbirgt."

Hierzu kamen noch Publikationen und Studien über die Wirkungen eines Blitzschlages, über Blitzableiter und deren Wirksamkeit.

Um den wissenschaftlichen Nutzen regelmäßiger und tunlichst vollständiger meteorologischer Beobachtungen zu zeigen, veröffentlichte er in den Berichten der naturwissenschaftlichen Gesellschaft zu Colmar eine umfangreiche Abhandlung: „Einführung in das Studium der Klimatologie und Meteorologie des Elsaß", welches Land eingeschlossen zwischen drei Gebirgszügen, dem Schwarzwald, den Vogesen und den Schweizer Alpen sich reich an interessanten meteorologischen Phänomenen zeige.

Im Anschlusse hieran und zu gleichem Zwecke errichtete er eine Reihe von Beobachtungsposten längs des ganzen Departements des Oberrheins, von denen regelmäßige Beobachtungen angestellt und Berichte hierüber eingesandt wurden. Schon waren recht befriedigende Ergebnisse als Folge von Hirns Bemühungen wahrzunehmen, als alles durch den beginnenden deutsch-französischen Krieg unterbrochen wurde und dann auch beinahe zehn Jahre lang unterbrochen blieb.

Erst 1880 gelang es Hirn, dank der Unterstützung durch das Institut de France, die ganze Sache wieder aufzunehmen und in bzw. auf seinem Hause in Colmar ein wirkliches Observatorium zu errichten. Dieses war mit allen nötigen Präzisions- und Registrierapparaten ausgestattet, zur Bestimmung von Windstärke und Windrichtung, von Luftdruck, von Temperatur- und Feuchtigkeitsgrad, sowie von Ozongehalt; auch Apparate zur Messung der Niederschlagsmenge in Regen und Schnee, sowie zur Messung der von der Sonne ausgestrahlten Wärmemenge, ein sogenanntes Aktinometer. Alle diese Vorrichtungen und Instrumente waren ihm auf Vorschlag des meteorologischen Zentralbureaus in Paris durch den Minister der öffentlichen Arbeiten gesandt worden. Die von Hirn auf seiner eigenen und unter seiner Leitung auf anderen Stationen gemachten Beobachtungen wurden in den „Comptes rendus" veröffentlicht und trugen wesentlich dazu bei, die bis dahin noch ziemlich unbekannten klimatologischen und meteorologischen Verhältnisse des Elsaß klarzustellen.

Gleichzeitig und teilweise schon früher unternahm er neue Untersuchungen und Beobachtungen auf dem Gebiete der Astronomie und veröffentlichte verschiedene Abhandlungen über die gewonnenen Ergebnisse[1]), so u. a. schon im Jahre 1843 über den in jenem Jahre von dem Astronomen Hervé Faye entdeckten Kometen, über die Sonnentheorie von Faye (1864), über Sonnentemperatur (1873), über Sonnenenergie (1883), über Sternschnuppen und Meteoriten (1883), über die beim Fall von Meteoriten auftretenden Detonationen (1886), über die Bewohnbarkeit der Weltkörper (1889). Ganz besonders interessierte ihn der Planet Saturn und sein Ring, überhaupt die Welt des Saturn und die Bedingungen und Dauer von dessen Existenz.

---

[1]) Faudel und Schwoerer, S. 77 bis 84.

Vor allem beschäftigte und beunruhigte ihn die Frage nach dem Aggregatzustand der Ringe, ob fest, flüssig oder gasförmig. Unter jeder dieser Annahmen stellte er die Bedingungen für deren Existenz und Gleichgewicht auf und fand, daß wahrscheinlich keine dieser Annahmen zutreffend sei, sondern daß jeder Ring aus einer großen Anzahl selbständiger Weltkörper bestehe, die — am wahrscheinlichsten kugelförmig — den Saturn in ähnlicher Weise umkreisen wie unser Mond die Erde, oder wie Meteorschwärme. Hirn ist auch mit dieser Ansicht der erste gewesen, der sie ausgesprochen hat; später hat sie auch Maxwell vertreten, und diese Annahme ist auch, wie Seeliger nachwies, in vollständiger Übereinstimmung mit den optischen Erscheinungen, welche die Ringe nach den photometrischen Beobachtungen von Müller darbieten. Wären die Ringe eine zusammenhängende Masse, so müßten die inneren Teile der Ringe mit geringerer Geschwindigkeit um den Saturn kreisen als die äußeren, während zufolge der spektroskopischen Untersuchungen von Keeler gerade das Umgekehrte der Fall ist[1]).

Daß einem so unermüdlichen Denker und Forscher bei seinen Studien und Untersuchungen, die ihn in der zweiten Periode seines Forscherlebens auf die Gebiete der Physiologie, Philosophie und Metaphysik führten, sich alle Tage neue und wieder neue Probleme entgegenstellten, und immer wieder neue Fragen auftauchten, die noch ihrer Lösung harrten, mag als selbstverständlich erscheinen; aber auch ebenso selbstverständlich, daß er an jede herantrat, ihre Bearbeitung und Lösung versuchte, und daß er die letztere auch zum größten Teil erreichte. So entstanden seine Veröffentlichungen: La vie future et la science moderne, 1882; La notion de la Force dans la science moderne, 1885; Über den Zusammenhang der großen Agentien in der Natur, 1886 (Übersetzung von Schwoerer); Über die Bewohnbarkeit der Weltkörper, 1889 (Übersetzung von Dr. H. J. Klein); Constitution de l'Espace céleste, 1889, sein großes Lebenswerk, an dem er zehn Jahre lang gearbeitet hatte.

Vorher aber, im Jahre 1868, erschien ein Werk, dessen Veröffentlichung größtes Aufsehen machte, das Pastor Dietz in seiner Gedächtnisrede auf Hirn in einer eigens veranstalteten Trauerversammlung der Wissenschaftlichen Gesellschaft vom Unter-Elsaß „eine der schönsten Eingebungen seiner umfassenden Einsicht" nannte. Der Titel dieses Werkes ist: „Conséquences philosophiques et métaphysiques de la Thermodynamique". Das ganze Werk umfaßt zwei Teile. Nachdem in einem ersten Teil die mechanische Wärmetheorie wissenschaftlich entwickelt wird, unternimmt Hirn in einem zweiten Teil, unter dem besonderen Titel: „Analyse élémentaire de l'univers" die metaphysischen Folgen seiner Theorie auseinanderzusetzen.

Diese Schrift wurde der Akademie der Wissenschaften in Paris durch den Astronomen Hervé Auguste Faye vorgelegt. Dieser, ein eifriger astronomischer Beobachter und Rechner, war derselbe, der im Jahre 1843 den neuen Kometen entdeckt hatte, über welchen eine der ersten Publikationen aus der Hand Hirns erschienen war. Dieser Gelehrte, der die Vorlage von Hirns neuestem Werke mit erläuternden Worten begleitete, sagte dabei u. a.[2]):

„Wenn man in Betracht zieht, daß die dynamische Wärmetheorie nicht bloß die Tiefen der Erkenntnis der anorganischen, sondern auch der organischen Körper und das Problem des Lebens berührt, wird man über die philosophische Tragweite, welche Hirn seiner Theorie gibt, weniger erstaunt sein .... Freilich hat er klug daran getan,

---

[1]) Meyers Konversationslexikon **17**, 627.
[2]) Comptes rendus **67**, 880.

bei Beginn der eigentlichen Versuche über seine Wärmetheorie die Metaphysik an der Pforte des Laboratoriums zurückzulassen, wo er sie, sobald er das Laboratorium für weitere Forschungen wieder verlassen wollte, wieder leicht zu finden wußte. Ich habe sein Buch mit dem größten Interesse gelesen, sehr oft mit dem Gefühle lebhafter Zustimmung; ich kann Hirn zu seinen Bestrebungen nur beglückwünschen und das Buch unsern Kollegen von der Akademie nur empfehlen. Denjenigen unter diesen, welche gegenüber den kühnen Schlüssen und Verallgemeinerungen Hirns keinen Widerwillen empfinden, wird dieses Buch die Zeiten von Descartes und Leibniz zurückrufen, in denen Wissenschaft und Philosophie sich noch nicht so fremd gegenüberstanden, als sie einander seitdem geworden sind, und diejenigen, welche für die Reize metaphysischer Forschungen weniger empfänglich sind, werden darin ein wunderbares Bild finden von den Beziehungen, welche die Wärmelehre mit allen andern von uns gepflegten Wissenschaften verbinden."

Den hohen Wert, der diesem Werke Hirns auch noch nach Jahren zugemessen wurde, mag man aus der Tatsache ersehen, daß es nach beinahe 30 Jahren, im Jahre 1897, in russischer Sprache erschien[1]). Der Übersetzer, General Starinkewitsch, damals Gouverneur von Warschau, der den Ruf einer Leuchte der Wissenschaft in Rußland genoß, fühlte für den genialen Denker Hirn die höchste Bewunderung. Seit der Veröffentlichung von dessen Werk „Analyse élémentaire de l'univers" war in ihm der Entschluß zur Reife gebracht worden, die Schätze dieses Werkes auch seinen Sprachgenossen zu erschließen, und nur durch äußere Hindernisse wurde die Ausführung dieses Planes bis zum Jahre 1897 verzögert.

Doch lassen wir den Verfasser der „Analyse" selbst reden; zunächst in der Einleitung über Ziel und Zweck seines Buches mit Worten, aus denen ebenso die Bescheidenheit des von dem Gefühl der eigenen Unzulänglichkeit durchdrungenen Gelehrten, wie andererseits die Überzeugung und das Vertrauen auf die sieghafte Macht der Wissenschaft spricht[2]):

„In bezug auf die verschiedenartigen Wesen der wahrnehmbaren Welt zu verfahren, wie ein Chemiker in bezug auf einen zu analysierenden Körper, also zu forschen, welches der elementare Bau der Wesen ist — vom Sandkorn bis zu den Sternen am Himmelszelt, von dem einfachsten Kryptogam bis zum Menschen — das ist das kühne Unternehmen, das ich mir vorgesetzt habe. Nicht ohne Absicht sage ich „kühn", und ich lege Wert auf dieses Wort, damit der Leser nicht glaube, daß ich mich auch nur der geringsten Illusion hingab über die Größe und Schwierigkeit meines Unternehmens .... Die Bezeichnung „kühn" für das Ziel meines Buches ist auch nicht zu stark gewählt, denn mehr als ein Leser wird zweifelsohne an mich die Frage richten wollen: „Mit welchem Rechte maßest du dir an, ein Problem zu lösen, das du selbst hundertjährig nennst, und das, wie du selbst sagst, in den Köpfen der Menschen existiert, sofern sie nur überhaupt zu denken verstehen." Diese Frage würde erdrückend sein, wenn für die Lösung dieses Problemes die denkende Persönlichkeit eines einzelnen Menschen eintreten müßte. Aber — gottlob — hier tritt eine andere Macht ein, die größer ist, als die irgend eines ausnahmsweisen mächtigen Genies. Unsere eigene kleine Persönlichkeit schaltet sich dabei vollständig aus und macht einer Gesamtkraft Platz, über die ein jeder von uns verfügen kann, und dies ist die Summe aller unserer exakten und Naturwissenschaft."

Und wenn Hirn nun fragt, für wen dieses Buch bestimmt sei[3]), so sagt er, es sei ein Buch der Wissenschaft und richte sich vor allem in seinem ganzen Inhalt an die Männer der Wissenschaft, die es nicht verschmähen, für einen Augenblick den engbegrenzten Kreis ihrer eigenen Arbeiten zu verlassen, um einen Blick zu werfen auf die Philosophie der Wissenschaft. Dieses Buch sei der analytische Ausdruck der

---

[1]) Colmarer Zeitung 1897.
[2]) Analyse élémentaire, Introduction, S. 1 bis 5.
[3]) Analyse élémentaire, Introduction, S. 11 bis 12.

Gesamtheit der Wissenschaften, der Wissenschaft von der Weltentstehungslehre, so wie er (Hirn) sie eben zu verstehen wußte ..

„Erschreckt von dem einzigen Gedanken an die möglichen und wahrscheinlichen Unvollkommenheiten dieser Arbeit habe ich Trost gefunden in dem Wort des großen Dichters: ‚Es irrt der Mensch, solang er strebt‘, also solang er lebt."

Mit diesem Ausspruch des „Herrn" im „Prolog im Himmel", den Hirn in deutscher Sprache anführt, schließt er die Einleitung zu seinem berühmten Werke. Was dessen Inhalt betrifft, so zerfällt dieser in zwei Teile, die von der „unbelebten" und von der „belebten" Welt handeln; der letztere, interessantere Teil umfaßt fünf Kapitel, von denen nur die Haupttitel angegeben sein mögen:

1. Kapitel. Allgemeine Einleitung; das Studium des lebenden Wesens.
2. „ Das lebende Wesen an sich, in seinem gegenwärtigen Zustand.
3. „ Das lebende Wesen in seinem Verhältnis zu anderen solchen.
4. „ Das lebende Wesen in der Zeit; dessen Ursprung und Veränderungen.
5. „ Die Wissenschaft von der Weltentstehung und die Religion.

Nur aus diesem letzten Kapitel mögen einige kurze Sätze beigesetzt werden[1]):

„So viele Menschen sagen höhnend, daß die Wissenschaft den Menschen nicht gut und tugendhaft mache, und daß Wissen ohne Religion nur eitel sei.... Ich aber erlaube mir, den Satz umzukehren und zu bekennen, daß die Religion allein, wenigstens so wie sie heute gelehrt wird, noch viel weniger als die Wissenschaft genüge, um den Menschen zu hindern, Unrecht zu tun. Denn die mit Unwissenheit gepaarte Frömmigkeit hat tausendmal mehr Unrecht begangen als die verkehrtesten philosophischen Lehren (Religionskriege des Mittelalters, Inquisition usw.). Keines der beiden allein genügt; aus der Vereinigung beider entsteht eine Moral, die in Harmonie ist mit dem Gewissen einerseits und dem Verstand andererseits.... Mögen diejenigen[2]), die sich's zur Aufgabe gesetzt haben, den menschlichen Massen als Führer und Lehrer zu dienen und ihnen das Brot des Geistes zu vermitteln, sich dereinst überzeugen, daß die wahre Religion in dieser Harmonie von Wissen und Gewissen eine sicherere Stütze findet, als in Gewissenszwang und Finsternis. Mögen sie erkennen, daß das Interesse ihrer heiligen Mission selbst von ihnen den Fortschritt fordert. Ebensowenig wie die Bewegung der Erde wird man die Entwicklung der Menschheit stillstellen.... Eines dieser beiden — Wissen und Gewissen — genügt zweifellos der übergroßen Mehrzahl der Menschen. Aber damit es Früchte trage — süße, nicht bittere — muß es bei denen, die es besitzen und es lehren wollen, gegründet sein auf Vernunft und Einsicht, gereift und entwickelt unter dem ruhigen und belebenden Lichte, das aus den Tiefen der Schöpfung allüberall ausstrahlt." —

Unter den oben erwähnten größeren Abhandlungen Hirns auf philosophisch-physikalischem Gebiete mögen zunächst jene erwähnt werden, die unter dem vollständigen Titel „La notion de la Force dans la science moderne" der Königl. Akademie von Belgien im Jahre 1885 vorlegen ließ, bei deren Vorlage das Mitglied der Akademie, Melsens, aus dem Inhalt der Abhandlung etwa nachstehendes anführt[3]):

„Herr Hirn beginnt seine Ausführungen damit, zu zeigen, wie Clausius in seiner Rede beim Antritt des Rektorates der Rheinischen Friedrich-Wilhelms-Universität in Bonn im Oktober 1884 die Beziehungen zwischen gewissen Agentien in der Natur (Licht, Wärme, Magnetismus und Elektrizität) darstellt, und wie dieser große Forscher zeigt, daß die Elektrizität an die Stelle des alten Äthers gesetzt werden müsse, womit man bisher den Weltraum ausgefüllt dachte, dessen ihm willkürlich zugeschriebene Eigen-

---

[1]) Analyse élémentaire, S. 527.
[2]) Analyse élémentaire, S. 530.
[3]) Berichte der belgischen Akademie 1885.

schaften aber nicht genügten, um die Gesamtheit der Erscheinungen der physischen Welt zu erklären...."

Hirn betrachte die Ausführungen von Clausius nur als eine Etappe auf dem fortschreitenden Wege der wissenschaftlichen Philosophie, und er selbst wolle noch einen Schritt weiter gehen. Für ihn sei die Elektrizität nicht allein, wie Clausius sage, eine Trägerin von Kraft, sondern selbst eine Kraft, wie die Wärme und die allgemeine Gravitation. Hirn ziehe damit den Begriff der Kraft aus ihrem beinahe mystischen Gebiete in das tatsächliche Gebiet der Erfahrung, und das Ziel, das die Wissenschaft sich stecken müsse, sei, zu suchen, ob die Schwere, die Wärme, die Elektrizität usw. bestimmt begrenzte Individualitäten, oder ob sie nicht nur verschiedene Erscheinungsformen derselben Individualität seien. Die in dieser Abhandlung entwickelte Lehre sei also dieselbe, die Hirn schon seit Jahren vertreten und verteidigt habe, und die er nun mit besonderer Energie ausspreche, um sie — wie er sagt — zum Gemeingut aller gebildeten Geister zu machen, die sich um den Fortschritt der wissenschaftlichen Philosophie interessieren.

Mit einem andern der vorhin erwähnten Werke Hirns „Über den Zusammenhang der großen Agentien in der Natur" wurde die gelehrte Welt in weiterem Kreise bekannt, nicht etwa durch die Publikationen irgendeiner der gelehrten Körperschaften (wie der französischen oder belgischen Akademie der Wissenschaften oder der elsässischen industriellen Gesellschaft usw.), sondern durch eine Besprechung, welche der Kölner Astronom und Meteorolog Dr. H. J. Klein in einer von ihm herausgegebenen Zeitschrift „Gaea, Natur und Leben" erscheinen ließ[1]). Dem Erscheinen von Hirns Aufsatz war ein brieflicher Gedankenaustausch zwischen ihm und Dr. Klein vorausgegangen, dem ersterer sein neuestes Werk, das er als eine Antwort auf verschiedene kritische Bemerkungen von Clausius aufgefaßt sehen wollte, gesandt hatte. Hirn hatte dann von Dr. Klein ein Dankesschreiben erhalten, in dem sich nachstehende Stellen finden[2]):

„Ich werde nicht verfehlen, nach gründlichem Studium Ihrer wichtigen Abhandlung in der „Gaea" gebührend zu berichten. Irrtümer, die sich einmal in der Wissenschaft eingebürgert haben, sind schwer auszurotten, denn es gehört ein besonderer Mut dazu, gegen schulgerecht gewordene Irrlehren öffentlich aufzutreten. Im vorliegenden Falle aber zweifle ich nicht, daß Ihnen der Sieg werden wird, denn nicht nur Ihre unbestrittene Autorität auf diesem Gebiete, sondern ebensosehr das Gewicht Ihrer Gründe wird die Wagschale zum Sinken bringen, aber freilich darf man daher T (die Zeit) nicht allzu kurz nehmen, besonders in Deutschland...."

Es ist an dieser Stelle freilich nicht angängig, die Ausführungen von Klein und Hirn in ihrer Gesamtheit wiederzugeben, doch möge einer der hauptsächlichsten Sätze hier eine Stelle finden[3]):

„Das Schlußergebnis aller dieser Forschungsarbeit aber formuliert Clausius in dem inhaltsschweren Satz: „Wenn die Fortpflanzung der strahlenden Wärme und des Lichtes aus elektrischen Kräften erklärt werden soll, so muß man sich den Weltraum mit Elektrizität erfüllt denken, und muß annehmen, daß derjenige im ganzen Weltenraume und selbst im Innern aller Körper vorhandene Stoff, welchen man bisher Äther nannte, nichts anderes ist als Elektrizität. Wie man sich jedoch das Verhalten dieses Stoffes zu denken und die verschiedenen von ihm ausgeübten und auf ihn wirkenden Kräfte zu erklären hat, das bedarf noch weiter fortgesetzter Untersuchungen."

---

[1]) Gaea 1886. 22. Jahrg., S. 1.
[2]) Abschrift des Briefes von Dr. Klein, im Besitze von E. Schwoerer in Colmar.
[3]) Gaea, Natur und Leben, 1886, S. 4.

„G. A. Hirn, der geniale Physiker von Colmar, hat, an die Ausführungen von Clausius anknüpfend, noch einige weitere Entwicklungen gegeben, und da alles, was von diesem Forscher ausgeht, den Stempel des Genies trägt, so müssen auch diese Reflexionen hier eine Stelle finden. Hirn betont, daß eine Wirkung in die Ferne durch das absolut Leere nicht ausführbar ist, es müsse daher ein spezifisches Etwas vorhanden sein, welches die Anziehung und Abstoßung vermittle. Dieses unbekannte Etwas nennt er das Element Kraft, ohne welches keine Erscheinung des Universums erklärbar sei.... Welches ist die Natur der Elektrizitätsteilchen? Ist es notwendig, anzunehmen, die Elektrizität bestehe aus Teilchen, welche gewissermaßen die Träger einer Kraft sind? Ist es nicht vielmehr erlaubt zu sagen, daß die Elektrizität an und für sich selbst eine Kraft bildet, mit anderen Worten, ein spezifisches Element, verschieden von der Materie, wie es die Ursache der Gravitation ist, und fähig auf die Materie zu wirken in der Form einer dynamischen Kraft?.... Der Begriff der Kraft allein gibt Rechenschaft von der Gesamtheit der Tatsachen; weit entfernt, dunkel zu sein, erscheint er als der natürlichste[1])."

Dieser Aufsatz von Dr. Klein in der „Gaea", der so gerechtes Aufsehen machte, wurde von Ingenieur E. Schwoerer, dem Privatsekretär und Freunde Hirns, ins Französische übertragen und der Akademie der Wissenschaften in Paris vorgelegt[2]). Im letzten Grunde genommen sind alle bisherigen Schriften Hirns Kampfesschriften, durch die er mit Aufwendung seiner ganzen geistigen Kraft gegen den Materialismus kämpft, mit Waffen, die nach seiner ausgesprochenen Überzeugung in jeder neuen Schrift mächtiger und wirksamer werden, mit Waffen, die ihm die unbestreitbaren und heutzutage allgemein anerkannten Tatsachen der Physik geliefert haben.

Den Schlußstein dieses philosophischen Gebäudes, die Krönung seines Lebenswerkes bildet seine letzte große Schrift „Constitution de l'espace céleste", an der er zehn Jahre lang gearbeitet hatte und die im Jahre 1889 im Druck erschien, eine Schrift, die eigentlich alles vereinigt, was er als Ingenieur, als Physiker und als Philosoph veröffentlicht hatte, von seiner Thermodynamik an bis zum letzten Worte der letzten Arbeit. Der Verfasser, der das Werk dem Kaiser Dom Pedro von Brasilien gewidmet hat, beginnt seine Vorrede mit dem Abdruck des Widmungsschreibens, das er an den von ihm verehrten Kaiser gerichtet hatte, und worin er sagt[3]):

„Ich habe es gewagt, in diesem Werke einige der erhabensten Probleme zu berühren, welche gegenwärtig die Gedanken aller Gelehrten in Anspruch nehmen, die sich mit der Wissenschaft von der Weltentstehung beschäftigen. Ferner bin ich dahin gelangt, in einer beinahe elementaren Weise einige der Fragen der Himmelsmechanik zu bearbeiten, welche für mathematische analytische Behandlung unter die schwierigsten gerechnet werden. Ich glaube es ohne Eitelkeit aussprechen zu dürfen, daß dieses Werk zu dem Vollendetsten gezählt werden dürfte, dessen Durchführung mir in meiner wissenschaftlichen Laufbahn beschieden gewesen ist.... Mein Buch wird, davon bin ich überzeugt, auch dem Namen des großen Monarchen nicht zur Unehre gereichen, der dessen Widmung gnädig annehmen möge."

Und am Anfang der eigentlichen Vorrede fügt er weiter bei[4]):

„Es war mir, das wird man mir gerne zugestehen, ein starker mutiger Glaube an mein Werk vonnöten; ja, — was sage ich — ich bedurfte des Bewußtseins einer zu erfüllenden Pflicht, um es zu wagen, eine so langatmige Arbeit hinauszugeben, deren Einleitung schon, obschon ich das Möglichste getan habe, von Anfang bis zu Ende sehr ernst und schwierig erscheinen wird. Ein stark naturalistischer Roman würde in heu-

---

[1]) Gaea 1886, S. 10.
[2]) Comptes rendus **102**.
[3]) Espace céleste. Vorrede S. VII.
[4]) Espace céleste. Vorrede S. VIII.

tiger Zeit leichter Leser finden können, als eine Abhandlung über wissenschaftliche Philosophie und Mechanik des Himmels. Dennoch glaube ich nicht zu der Annahme berechtigt zu sein, daß sich, selbst in unsern Tagen, keine tausend Menschen finden würden, die mit gutem Willen an die Verfolgung eines der schwerwiegendsten Probleme gehen würden, das sich je dem Menschengeiste darbieten kann."

In diesen Worten steht der ganze Mann vor uns, der mit dem Bewußtsein einer zu erfüllenden Pflicht an seine Arbeit geht, dem die Überzeugung von der unumstößlichen Wahrheit seiner Weltanschauung Mut und Kraft gegeben hat, jeder Kritik, deren Eintreten er voraussieht, Trotz zu bieten. Und noch eins kann ich mir nicht versagen, zu erwähnen, was Hirn über Plan und Ziel seines großen Werkes sagt[1]):

„Die Gestirne, von den riesenhaften Sonnen bis zu dem kleinsten Meteorstäubchen, das im Weltraum umherirrt, stehen unter dem steten Einfluß von Anziehung, Licht, Wärme, Magnetismus usw. Der Himmelsraum muß also bis zu den unendlichen Fernen ausgefüllt sein mit etwas, das diesen Einfluß, diese Beziehungen herstellt. In einem Briefe Newtons an Bentley sagt ersterer, indem er von der Gravitation spricht:

„Anzunehmen, daß die Gravitation eine wesentlich der Materie anhaftende Eigenschaft sei, so daß ein Körper auf einen andern einwirken könne ohne irgendeine Vermittlung dieser gegenseitigen Einwirkung, also durch einen absolut leeren Raum, dies scheint mir so widersinnig, daß man, um auf diese Annahme zu verfallen, unfähig zu jeder philosophischen Überlegung sein müßte. Die Gravitation muß veranlaßt und vermittelt sein durch irgendein Agens, das fortwährend nach gewissen Gesetzen wirksam ist. Ob aber dieses Agens von materieller oder von immaterieller Natur ist, überlasse ich dem Leser zu entscheiden."

„Und diese von Newton an den Leser in bezug auf die Gravitation gestellte Frage läßt sich mit noch viel größerem Rechte in bezug auf Licht, Wärme, Elektrizität, Magnetismus stellen . . . ."

Schließlich kommt Hirn am Schluß seiner Einleitung dazu, den späteren Ausführungen vorgreifend, seinen Fundamentalsatz zu formulieren, der zunächst auf Newtons Frage mit einer absoluten Verneinung antwortet: „Es gibt nichts von materieller Natur, was den Weltraum ausfüllt und was die Beziehungen zwischen den Himmelskörpern herstellt."

In dem ersten Abschnitte seines Werkes berührt Hirn zunächst die Frage nach dem zeitlichen Beginne des Weltgebäudes, also nach dem Zeitpunkt des sogenannten Schöpfungsaktes. Denn — sagt er — Laplace gehe wohlbemerkt von einem ganz bestimmten Zeitpunkt der Bildung der Weltkörper aus, frage aber nirgends nach dem Ursprung der zur Bildung der Weltkörper dienenden Elemente, und dann führt Hirn darauf bezüglich folgendes aus[2]):

„Wenn die Elemente der physischen Welt, Stoffe und Kräfte, von Ewigkeit an existierten, so müßte auch von Ewigkeit an deren gegenseitige Einwirkung tätig gewesen sein und zwar gemäß den ihnen eigentümlichen Gesetzen; und als das Resultat dieser gegenseitigen Einwirkung müßten auch die Weltkörper von Ewigkeit her existiert haben."

Aber aus den tatsächlichen Erscheinungen folgt für Hirn gerade das Gegenteil.

„Und wenn wir auch Millionen und aber Millionen Jahre zunächst für die Dauer der Existenz unseres Sonnensystems rechnen, immer kommen wir an eine letzte Grenze, an einen Zeitpunkt, zu welchem die Bewegungen der materiellen Elemente in ihrer Bewegung zum Laplaceschen Ballungsakte begonnen haben, und das ist für unser Sonnensystem der Schöpfungstag, an dem für alles Wesen dieser unserer Welt das „Fiat Lux" gesprochen wurde[3]). Alles weitere ist nicht mehr geheimnisvoll, ist nur natürliche Ent-

---

[1]) Espace céleste. Einleitung S. 1.
[2]) Espace céleste, S. 34 u. 35.
[3]) Espace céleste, S. 37.

wicklung. Ob wir es verstehen oder nicht begreifen, das ändert nichts an diesem unumstößlichen Satz der modernen Wissenschaft; aber wenn wir es auch nicht zu erfassen vermögen, so dürfen wir trotzdem nicht daraus folgern, daß wir uns nicht forschend damit beschäftigen dürften. Über eines kommen wir nicht hinweg, daß ein höherer Wille existieren muß, der außerhalb der Bedingungen von Raum und Zeit steht, während andererseits Stoffe und Kräfte nie aufhören, nach den ihnen innewohnenden Gesetzen aufeinander einzuwirken."

Hier ist sicher von Interesse, was der Kölner Astronom Klein in seiner Besprechung des Hirnschen Werkes in der von ihm redigierten Zeitschrift „Gaea" sagt[1]):

„Er hat gezeigt, daß das unbefangene Studium der Tatsachen uns zur Annahme von wenigstens drei verschiedenen Arten von Existenzen führt: einer materiellen, einer dynamischen und eines vitalen Elementes. Aus den Beziehungen der beiden ersteren entspringt die Gesamtheit der physischen Erscheinungen, durch das Eingreifen der letzteren entsteht die organische Welt. Die Bedeutung dieser einzigen großartigen Auffassung, die nicht von einem aller exakten wissenschaftlichen Erfahrung baren Philosophen aufgestellt, sondern von einem der ersten Physiker unserer Zeit begründet wird, springt in die Augen, und es wird vielleicht der größte Ruhmestitel, den die Nachwelt G. A. Hirn dereinst spendet, sich auf diese Auffassung des Weltganzen gründen. .... Wir beglückwünschen den greisen Gelehrten von Colmar zu seinem ausdauernden Bestreben, dem von ihm als Wahrheit Anerkannten die gebührende Geltung in der Wissenschaft zu verschaffen."

Auch die „Revue d'Astronomie" bespricht Hirns Werk und bringt dessen Schlußfolgerungen mit folgenden Sätzen[2]):

„Die Beziehungen von einem Weltkörper zum andern können sich nicht herstellen durch das absolut Leere und ohne Vermittlung. Da aber der Weltraum keinerlei Stoffliches, auch nicht in der denkbarsten Verdünnung, enthalten kann, so muß dort etwas anderes sein, das die Beziehungen herstellt, die man als Anziehung, Licht, Wärme usw. bezeichnet. Es muß ein Element besonderen Wesens da sein, das sich als dynamische Kraft äußert, als Agens für die Beziehungen zwischen getrennten stofflichen Teilen, mögen diese sich scheinbar berühren oder durch Milliarden von Meilen getrennt sein ..."

Eines Abschnittes aber von Hirns großem Werke muß noch besonders Erwähnung getan werden[3]), des Abschnittes, in dem die Frage nach der Bewohnbarkeit der Weltkörper berührt wird. Dieser ganze Abschnitt wurde von Dr. H. J. Klein übersetzt und erschien gesondert in der Zeitschrift „Gaea", woraus wir die folgenden Sätze wiedergeben[4]):

„Wahrscheinlich gibt es von einem zum andern Planeten spezifische Unterschiede, welche unserer Wahrnehmung von unserm Beobachtungsorte aus entgehen; allein die Analogien mit unserer Erde sind so bedeutend, daß ein Vorurteil dazu gehörte, anzunehmen, unsere Erde habe das Vorrecht, ganz allein von lebenden, organisierten Wesen bewohnt zu sein ... Man kann annehmen, daß das Lebenselement, welches die Organisierung bedingt, sich auch in anderen Formen offenbaren kann, beispielsweise, ohne sich völlig ins Mystische zu verlieren, daß die Seele jener Wesen unter andern Existenzbedingungen geeignet und bestimmt sei, andere Dinge zu erkennen als die irdischen ... Es kann sich in einer wissenschaftlichen Diskussion nur um ganz allgemein organisierte lebende Wesen handeln, und unter dieser Einschränkung lassen sich die Bedingungen für die Bewohnbarkeit anderer Weltkörper in folgender Weise präzisieren:

---

[1]) Gaea 1889, S. 383.
[2]) Revue d'Astronomie 1889, Aprilheft.
[3]) Espace céleste, S. 60 bis 76.
[4]) Gaea 1889, S. 257 ff.

1. Anwesenheit von Wasser in flüssigem Zustande.
2. Folglich eine mittlere Temperatur über 0° unserer Thermometerskala.
3. Die Gegenwart einer Atmosphäre, welche hinreichend dicht ist, um die Oberfläche des betreffenden Weltkörpers vor einer dauernden Erkaltung unter 0° unserer Thermometerskala zu schützen ... Es ist durchaus gestattet, ohne unlogisch oder unverständig zu sein, anzunehmen, daß diese drei Bedingungen in einer großen Anzahl von Fällen erfüllt sein können. Wir sehen aber auch gleichzeitig, in welchen Fällen eine Bewohnbarkeit unmöglich oder, wenn man lieber sagen will, wissenschaftlich unhaltbar ist... Bei alledem aber wird stillschweigend vorausgesetzt, daß jeder bewohnbare Weltkörper, wie wir in unserm Sonnensysteme, sich in gewisser angemessener Entfernung von einem Zentralstern befindet, welcher ihm Licht und Wärme spendet, eine oberste Bedingung, welche gegenwärtig als logisch zulässig betrachtet werden kann, obgleich sie sich einem direkten Nachweise entzieht[1]).

Hirn ließ sein großes Werk auch der französischen Akademie der Wissenschaften, deren korrespondierendes Mitglied er seit 1867 war, durch den Akademiker Faye vorlegen, der hierbei einen kurzen Bericht erstattete, worin er sagte[2]), daß dieses Werk sicher eines der originellsten und interessantesten sei, die in den letzten Zeiten erschienen seien ... Indem er (Hirn) sich vorgesetzt habe, die Natur des sonst als Äther bezeichneten „Mediums" des Weltraumes zu erforschen, sei er zu unerwarteten und bemerkenswerten Schlüssen gekommen. So z. B. gelange man unter Annahme eines gasförmigen Mediums, dessen Widerstand imstande wäre, eine in hundert Jahren sich ergebende Geschwindigkeitsänderung bei dem Monde von einer halben Sekunde hervorzubringen, zu einem Medium, dessen Dichte den millionsten Teil der durch die damals besten Apparate zu erzeugenden Luftverdünnung betragen würde. Und trotz dieser kaum vorzustellenden Luftverdünnung würde durch die mit der bekannten Geschwindigkeit sich vollziehende Bewegung des Mondes in jenem widerstehenden Mittel eine Temperatur dieses Gestirnes von 38000° erzeugt werden. Bei anderen Gestirnen, die wie die Erde mit einer Atmosphäre versehen seien, würde durch die Einwirkung dieses widerstehenden Mittels die ganze Atmosphäre der Erde allmählich mitgerissen und verschwinden[3]).

„Zweifellos", sagt Faye in seinem Referate, „werden Hirns Schlußfolgerungen nicht allgemeine Zustimmung finden, aber ich habe die Überzeugung, daß dieses Buch, das ein ebenso gewissenhaftes Werk ist, wie kühn in seinem Aufbau und seinen Schlüssen, von der Gelehrtenwelt wie von allen, die sich über noch strittige Punkte der modernen Wissenschaft auf dem Laufenden erhalten wollen, gut aufgenommen werden wird.

Als letztes von Hirns Werken ist noch eines besonderer Beachtung wert, weil es schon mit seinem Titel aus dem Rahmen herauszutreten scheint, in welchem sich die übrigen Untersuchungen und Forschungen Hirns bewegen, die sämtlich auf der Grundlage exakter wissenschaftlicher Forschung und streng durchgeführter Versuche aufgebaut sind. Diese Schrift „La vie future et la science moderne" erschien zunächst als Brief an einen Freund, Pastor..., der an Hirn die Frage gerichtet hatte: „Welches sind die Beweise für die Unsterblichkeit der Seele, die uns heute die Gesamtheit der Naturwissenschaften liefert?" Hirn sagt in einer Bemerkung am Anfange seiner Schrift:

„Dieser Brief bildet die Fortsetzung und natürliche Ergänzung einer wissenschaftlichen Widerlegung des Materialismus, die in dem letzten Kapitel einer der belgischen Akademie der Wissenschaften vorgelegten Abhandlung enthalten ist."

---

[1]) Gaea 1889, S. 269 (Schluß des Aufsatzes).
[2]) Comptes rendus 1889, 7. Januar.
[3]) Espace céleste, S. 258 bis 269.

Von seiten der Vertreter des Materialismus fand diese Schrift Hirns selbstverständlich heftige Angriffe, besonders von seiten Ludwig Büchners. Dieser hatte als Privatdozent in Tübingen durch seine Schrift „Kraft und Stoff" einen so heftigen literarischen Kampf hervorgerufen, daß er seine akademische Stellung dort aufgeben mußte Von Darmstadt aus, wo sich Büchner dann niederließ, sandte er an Hirn eine von seinem materialistischen Standpunkt aus verfaßte Entgegnung, die er in die Form von „Briefen an eine Freundin" kleidete. Hirn war eben daran, an Büchner eine Antwort zu senden, und diese war auch schon geschrieben, als ihn der Tod ereilte. Das Antwortschreiben Hirns wurde nun einer zweiten Auflage als Einleitung vorgesetzt. Aus dem Anfange dieses Schreibens mögen ein paar kurze Sätze, die besonders der Charakteristik Hirns dienen, hier folgen[1]):

„Sie haben in hämischer Weise Ihrer Schrift denselben Titel gegeben, den die meinige schon vor mehreren Jahren veröffentlichte trägt, nämlich ‚Das künftige Leben und die moderne Wissenschaft'. Sie haben hierdurch zweifellos zeigen wollen, daß von zwei Gelehrten — heutzutage wie sonst — der eine sagen kann ‚schwarz' und der andere ‚weiß', während alle Welt nichts anderes sieht als ‚grau'. Würde ich jene geehrte ‚Freundin' zu kennen die Ehre haben, so könnte ich ihr ebenfalls ein Dutzend Briefe über meinen Standpunkt schreiben, ohne mir zu schmeicheln, sie bekehren zu können. . . . . . [2]) In einem aber sind wir beide vollkommen in Übereinstimmung, daß der Zweifel immerdar in einem denkenden Kopfe wohnen wird. Doch wollen wir uns nicht darüber beklagen. Der Mensch, der nicht mehr zweifelte, müßte ein Engel sein oder ein Dämon. Seien wir drum lieber damit zufrieden, rechtschaffene Menschen zu sein. Der Zweifel ist — ohne Zweifel — ein recht unbequemer Gast, aber eines läßt er uns: die Hoffnung; und lasset uns gerecht sein und zugestehen, daß er die Haupttriebfeder zum Fortschritt ist. Denn, wer nicht mehr zweifelt, nur zu wissen glaubt, der sucht und forscht nicht mehr. Und unter diesem wesentlichen Zugeständnis können wir uns die Hand reichen . . . ."

Es mag als selbstverständlich erscheinen, daß wir hier aus dem Inhalt von Hirns Schrift nicht einmal eine gedrängte Übersicht bringen können; doch mögen, um den Charakter der Schrift zu kennzeichnen, aber auch um ein tunlichst vollständiges Bild des großen Philosophen nach seinem innerlichen Wesen zu geben, einige kürzere Sätze daraus wiedergegeben werden, die allerdings zum größten Teil auch in den übrigen vorstehend besprochenen Werken Hirns sich in mehr oder weniger übereinstimmendem Wortlaute finden[3]).

Zunächst will Hirn die von Pastor . . . an ihn gestellte Frage anders präzisieren, und zwar, indem er selbst die Frage stellt:

„Wenn wir die Wissenschaft als Summe aller unserer Kenntnisse über die Naturerscheinungen betrachten, wird dann diese ‚Wissenschaft' den Glauben an ein Fortleben nach dem Tode bestärken, oder abschwächen oder vernichten?"

„Für den Weisen bleibt immer unbegreiflich die Tatsache der Erscheinung des Stoffes für die Bildung der Wesen da, wo vorher das Nichts, die absolute Leere war. . . ."
„Was aber einmal zur Existenz gelangt ist, kann nicht wieder in das Nichts zurückfallen."
„Für den Weisen ist die Welt in ihrer heutigen Erscheinung nur eine Phase einer Entwicklung durch Millionen von Jahrhunderten. Begonnen hat sie aus einem Keim, der eine gleichmäßig verteilte Masse von kosmischer Materie war, in welcher sich die die Weltkörper und Wesen bildenden Elemente mit den ihnen eigentümlichen Eigenschaften befanden . . . ."

---

[1]) Vie future, Einleitung S. VI.
[2]) Vie future, Einleitung S. XXVI.
[3]) Vie future, S. 7 ff.

„Alle Änderungen und Zerstörungen, welche die Welt treffen können, sind nur Schritte gegen das schließliche Gleichgewicht, gegen eine wiederum gleichmäßige Verteilung der Temperatur und gegen wiederum eintretende Ruhe der schweren Masse, aus der dereinst der ursprüngliche kosmische Nebel bestand, mit dem sich die Welten bildeten. Aber ein Wiedererscheinen dieser Welten ist wissenschaftlich ausgeschlossen. Denn die dereinst beim Ballungsakt entstandene freie Wärme hat sich in dem endlosen Raume zerstreut und kann nie wieder dazu dienen, den ursprünglichen kosmischen Nebel zu bilden...."

„Über den Organen, die zum Fühlen und Denken dienen, steht noch ein ‚Etwas', das wirklich fühlt und denkt, ohne welches die körperlichen Organe, an welche jenes Etwas gebunden ist, nicht funktionieren können. Dieses ‚Etwas' — wie auch seine Vergangenheit gewesen und seine Zukunft werden mag — ist es, was das lebende Wesen, auch das niederst organisierte, von dem unbelebten unterscheidet. Wie der Akt des Denkens und Fühlens eingeleitet, wie er gehemmt wird, das wissen wir wohl nicht. Aber es ist nicht schwieriger einzusehen, daß wir ein Organ zum Denken brauchen, als zu begreifen, daß wir eines zum Hören, Sehen usw. haben müssen."

„Die moderne Wissenschaft zeigt für jedes Lebewesen die Existenz eines seelischen Elementes, das einmal zum Sein geschaffen wurde. Die Eltern liefern für das neue zur Entstehung kommende Wesen den Keim und die es bildenden Stoffe, sozusagen nur die Wohnung, aber nimmer die Seele. Und hier liegt das tiefe Geheimnis, das weder der Glaube noch das Räsonnement des skeptischen Geistes durchdringen kann. Wie dieses seelische Element nach Vernichtung seiner Wohnung sein wird, was seine weitere Bestimmung ist, bleibt für den aufrichtigen Weisen eine ungelöste Frage, ‚Ignorabimus'."

Und endlich das Schlußwort der Schrift[1]):

„Die Wissenschaft führt uns bis an jenes verhängnisvolle Ufer; über unsere Bestimmung darüber hinaus weiß sie nichts zu offenbaren; hier überliefert sie uns unserer Erinnerung an die Vergangenheit, unserm Gewissen, dem Bewußtsein unserer Verantwortlichkeit. Diese ist uns als ein Geschenk gegeben, um verstehen zu lernen die Höhe unserer Mission, die Pflichten gegen alle andern Lebewesen. Wehe dem Weisen, der seine geistigen Fähigkeiten, seines Geistes Licht andern Zwecken dienstbar macht als der Freimachung des Geistes, der Verherrlichung des Guten, des Schönen und des Wahren."

Das Lebensbild von G. A. Hirn würde unvollständig sein, wollten wir nicht auch seiner gedenken als des Künstlers, und zwar nach zweierlei Richtung, nach derjenigen der Malerei und der Musik. Da ich aber nicht selbst das Glück hatte, ihm persönlich nahezutreten, muß ich hierin einem Manne das Wort geben, der ihm vom Jahre 1880 an, also noch volle zehn Jahre als Privatsekretär und Mitarbeiter bei seinen Laboratoriumsarbeiten zur Seite gestanden und auch Zeuge seiner sonstigen Bestrebungen und seiner Tätigkeit, sowie seines innigen Familienlebens war: Emil Schwoerer, der ihm in seinem Buche: „G. A. Hirn, sa vie, sa famille, ses travaux" ein dauerndes Freundesdenkmal gesetzt hat. Außerdem entnehmen wir einzelne Angaben den „Erinnerungen an G. A. Hirn" von seinem Mitarbeiter und Freund, Professor Dwelshauvers-Dery in Lüttich, der in bezug auf Hirns Künstlernatur[2]) sagt:

„Es ist erstaunlich, zu sehen, wie ein Mann, dessen ganzes Leben in der Beschäftigung mit der Industrie, mit abstrakten Rechnungen, mit Beobachtungen, die so aufs Kleinste ausgingen, daß die geringste Ablenkung sie mißlingen lassen konnte, und in tiefsinnigem Nachgrübeln über die dunkelsten philosophischen Probleme verlief, wie dieser Mann noch gleichzeitig, und zwar leidenschaftlich, Geschmack und Liebe zu den

---

[1]) Vie future, S. 121.
[2]) Dwelshauvers Erinnerungen.

Künsten zeigte. Er hatte wirklich die Seele eines Künstlers, und weil er sich der Kunst mit demselben Eifer, mit demselben starken Willen, mit dem er an jede Sache herantrat, widmete, so gab es in der Kunst keinen Standpunkt, der so hoch war, daß er ihn nicht erreicht hätte."

Hirn hatte von seiten seines Vaters, der ein berühmter Maler von Früchten und Blumen war (eines seiner Bilder befindet sich in der Galerie des Louvre), das Gefühl für das Schöne ererbt. Auf seinen Reisen besuchte er die Museen und alle berühmteren Sammlungen und bewahrte eine lebendige Erinnerung an jedes bemerkenswertere Stück, das eine der Galerien einschloß.

Er liebte nicht nur Bilder zu sehen, sondern beurteilte sie auch als wahrer Kenner, ohne sich von der Mode oder den wechselnden Tagesanschauungen des großen Publikums beeinflussen zu lassen. Sehr hoch schätzte er die Kohlezeichnungen seines Freundes Hallauer wovon er schöne Stücke in seinem Arbeitszimmer hängen hatte, und freute sich stets, wenn er Besuchern diese Zeichnungen, sowie andere Bildwerke, die er in seinem Arbeitszimmer oder in dessen Nähe als Schmuck der Wände aufgehängt hatte, zeigen konnte.

Seine Kompetenz in Kunstsachen offenbart sich in einem im Jahre 1861 erschienenen Aufsatz[1]): „Über die Photographien von M. A. Braun in Dornach." Darin geht er in humorvollem Plaudertone die Mappe jenes damals berühmten Photographen durch und berührt dabei die verschiedenartigsten Fragen, wie: Geschichte der Photographie, nötige Eigenschaften der Photographie, wenn diese wahrhaft künstlerisch werden soll, Gedanken über die Kunst zu zeichnen im allgemeinen, Beziehungen zwischen Kunst und Natur, endlich auch die anatomische Bildung des menschlichen Auges, verglichen mit den Instrumenten und den verschiedenen Verfahren, über welche die Photographie verfügt und verfügen muß, soll sie gestatten, die Natur bestmöglich nachzuahmen.

Obwohl die bildende Kunst für Hirn ein Gegenstand mächtigster Anziehung war, so nahm doch die Musik sein Interesse — womöglich — in noch höherem Maße in Anspruch. In frühester Jugend hatte er das Violinspiel erlernt und es rasch zu einer schönen Fertigkeit gebracht. Es wurde schon zu Anfang dieses Lebensbildes erzählt, wie er sich schon als Knabe vor den Späßen und Neckereien seiner Mitschüler in die Mansardenkammer seines elterlichen Hauses flüchtete und dort mit seiner geliebten Geige im Arme Trost und Beruhigung fand.

Viele Jahre lang spielte er die zweite Violine in einer Quartettvereinigung, die bei einem passionierten Musiker Dr. Richard ihre regelmäßigen Zusammenkünfte hatte. Auch an anderen musikalischen Aufführungen nahm er tätigen Anteil, aber sein mangelhaftes Sehvermögen — er hatte ja, wie bereits erzählt, schon früh durch eine ungeschickt durchgeführte Operation die Sehkraft des einen Auges verloren — bewog ihn, die aktive Pflege der Musik aufzugeben. Aber mit ungeschwächtem Interesse besuchte er die großen mustergültigen Konzerte in Straßburg und Basel, ja sogar eine Musikaufführung einer Militärkapelle war imstande, ihn für kurze Zeit von seiner Arbeit wegzulocken. Wenn es auch vor allem die alten Meister der Tonkunst waren, die er durch und durch kannte, so zeigte er doch auch eine besondere Vorliebe für Richard Wagners Tonschöpfungen; über alles aber stellte er Beethovens Werke, deren „überirdische" Schönheit er mit tiefster Empfindung herausfühlte. Er hatte auch die bei Dilettanten, d. h. nicht Berufsmusikern seltene Gabe, Partituren lesen zu können und zu verstehen, als seien es Schriften in seiner

---

[1]) Faudel und Schwoerer, S. 43.

Muttersprache, und die schwierigsten Musikstücke konnte er — nur durch das Medium seiner Augen — in den Partituren so erfassen, daß er das ganze Orchester in allen seinen Stimmen und als Ganzes geistig zu hören glaubte und auch davon einen genauen Eindruck in der Erinnerung behielt, selbst wenn er das Musikstück nie wirklich ausgeführt gehört hatte. So war ihm eben auch in musikalischer Hinsicht sein phänomenales Gedächtnis treu, das ihn Gelesenes oder Gehörtes nicht mehr vergessen ließ.

Kritisch, und zwar unnachsichtlich kritisch war er in bezug auf Rhythmus, Tempo und Vortragszeichen und äußerte in dieser Hinsicht:

„Lieber will ich falsch in den Tönen spielen hören, als im unrichtigen Rhythmus und Tempo"[1].

Daß ein Mann mit solch außergewöhnlichen Gaben, wie Hirn, bei der bloß ausübenden und genießenden Pflege der Musik nicht stehen blieb, erscheint nun ganz selbstverständlich. Wir danken ihm daher auch in dieser Richtung eines seiner geschätztesten Werke: „La Musique et l'Acoustique", das im Jahre 1878 in der „Revue d'Alsace" erschien und der Akademie der Wissenschaften in Paris durch Hirns Freund, den schon mehrfach genannten Akademiker Hervé Auguste Faye vorgelegt wurde[2]. Eine treffliche Besprechung dieses Werkes wurde von Melsens, Mitglied der belgischen Akademie der Wissenschaften im „Belgischen Athenaeum[3]" veröffentlicht. Wir entnehmen den beiden Besprechungen von Hirns Abhandlung aus deren reichem Inhalte nachstehendes:

„Musik und Akustik, — in diesen beiden Worten liegt einerseits die Bezeichnung einer Kunst, andererseits einer Wissenschaft, die beide sich zu gegenseitiger Förderung unterstützen."

Von diesem Grundsatze ausgehend bespricht Hirn in gedankenvoller Weise die Bildung der diatonischen Tonleiter und die arithmetischen Beziehungen, die notwendig sind, damit zwei gleichzeitig erklingende Töne richtige Akkorde bilden. Hirn erklärt dann die sogenannte temperierte Tonleiter (von Sebastian Bach eingeführt und heute allgemein angenommen) im Vergleich mit den exakten oder wissenschaftlichen Tonleitern, welche zwischen zwei Tönen der einfachen C-dur-Tonleiter eine große Anzahl Zwischentöne einschalten würden. Von seinem doppelten Standpunkt als Physiker und Musiker erklärt er, daß die Musik mit der von manchen Seiten befürworteten Wiederannahme der wissenschaftlichen Tonleiter jedenfalls verlieren würde, da hierdurch die Hilfsmittel für die ausübende musikalische Kunst wesentlich eingeschränkt würden.

Im folgenden kommt im Verfasser wieder der Philosoph zur Erscheinung, indem er die Frage stellt, ob die Wissenschaft imstande sei, die tiefe seelische Einwirkung zu erklären, welche die Töne und deren Verbindung zu Akkorden und zu größeren musikalischen Gebilden oft so übermächtig auf uns äußern, und kommt dabei zur Aussprache seiner Ansicht, welche seiner sonst auch schon vielfach ausgesprochenen Überzeugung von Weltordnung entspricht. Er sagt in dieser Beziehung, daß die Musik, wenn sie durch die notwendige Vermittlung unserer Sinne an uns gelangt, sich an das seelische Prinzip unseres Wesens wenden muß; daß der musikalische Gedanke, ebenso wie überhaupt das „Schöne" nur der Seele zugehört, und daß seine

---

[1] Faudel und Schwoerer, S. 44.
[2] Comptes rendus 1878, 25. Februar.
[3] l'Athenaeum Belge 1878, Nr. 8, S. 58 bis 59.

Wirkung auf uns nur durch die Existenz einer Seele erklärt werden kann und nie und nimmer durch physische Eindrücke entstehen kann.

Nachdem Hirn hierauf über die musikalische Erziehung einerseits und den Einfluß der Musik auf die allgemeine Erziehung andererseits seine Anschauung ausgesprochen, wendet er sich an die Künstler, die nach dem Schönen, nach dem Großen und Wahren streben, und weist sie darauf hin, die scheinbar der Kunst so ferne liegende Wissenschaft zu pflegen, indem er ihnen zuruft:

„Künstler! Glaubet an den Physiker! Fürchtet Euch nicht, die Eurer Kunst verwandten Wissenschaften zu pflegen; Eure Kunst wird dabei nicht verlieren. Und solltet Ihr den Beifall der Menge nicht finden mit Euerm Werke, in das Ihr einen Teil Eurer Seele gelegt habt, so werdet Ihr durch Erheben Eures Blickes nach oben Kraft finden, in dem Streben nach dem Schönen zu beharren .... Das Ideale-Schöne in der Musik entzieht sich der Erklärung hinieden. Dieser Gedanke darf aber den Menschen nicht entmutigen, sondern muß ihn erheben. Dichter, Künstler und Gelehrte können sich in einem höheren Streben vertrauensvoll die Hände reichen und mit Schiller und Beethoven sagen:

„Brüder, überm Sternenzelt muß ein guter Vater wohnen."

Mit diesen Worten schließt Hirn seine Arbeit ab, die wert ist, gelesen zu werden von Physikern, Philosophen und Künstlern, die in den geistvollen Ausführungen wertvolle Anregung für sich und ihren eigenen Unterricht finden werden.

Auf Hirns anerkannte Autorität auch in musikalischen Angelegenheiten muß es zurückgeführt werden, daß die Akademie der Wissenschaften in Paris an ihn das Ersuchen stellte, sich gutachtlich zu äußern über eine Frage, welche Camille Saint-Saëns, der bekannte Musiker und Komponist (nebenbei auch Dichter und Schriftsteller) an die Akademie gerichtet hatte. Diese Frage bezog sich auf die Festsetzung einer Normalteilung für das Metronom, wie z. B. für die Stimmung der Musikinstrumente die Höhe des Normal-a durch Festsetzung der Schwingungszahl der Normal-a-Stimmgabel genau bestimmt worden war. Die Erfindung des Metronoms, eines Instrumentes, das — durch hörbare oder stille Schwingungen — dazu diente, das für ein Musikstück einzuhaltende Tempo anzugeben, war schon lang vor Hirns Zeit geschehen; durch den Mechaniker Maelzel in Regensburg (geb. 1772) war das Instrument derart vervollkommnet worden, daß es zu Hirns Zeit schon ziemlich verbreitet war, und mit „M. M." auch noch heutzutage die nach diesem System gebauten allgemein gebräuchlichen Metronome bezeichnet werden.

Hirn erwähnt in seinem Gutachten, das er in der Sitzung der Akademie vom 13. Juni 1887 vorlegte[1]), daß hochstehende Musiker wie Gounod und Beethoven die Zweckmäßigkeit dieses Instrumentes anerkannt haben, und daß auch Carl Maria von Weber, der Komponist des „Freischütz", der zuvor entrüstet ausgerufen habe, „will man denn unsere Kunst zur Maschine machen?", sich später jener Ansicht anschloß. Da der Zweck dieses Instrumentes sei, einer Verstümmelung oder Verunstaltung eines Musikwerkes durch unrichtig genommene Tempi vorzubeugen, müsse es natürlich genau funktionieren. Deshalb entwickelt Hirn die Bedingungen, welchen der Bau dieses oder eines ähnlichen Instrumentes zu genügen hat, um wirklich nützlich zu sein, d. h. um die einzuhaltenden Tempi richtig zu bestimmen, sowie auch um zum Vergleich des musikalischen Eindruckes eines Musikwerkes bei verschiedenen Tempi zu dienen.

---

[1]) Comptes rendus **104**, b, 1696.

In einer zweiten Abhandlung, die Hirn der Akademie vorlegte[1]), zeigt sich wieder der Physiker und Mathematiker, indem er eine mathematische Theorie für das doppelarmige Pendel aufstellt, auf welchem der Bau des Maelzel-Metronoms beruht. Er äußert sich dabei über die von ihm durchgeführten Rechnungen wie folgt:

„Diese Theorie, die ich noch in keinem mir zu Hand liegenden Werke über Mechanik gefunden habe, ist sehr interessant, doch brauche ich wohl nicht ausdrücklich zu erklären, daß ich es mit der Veröffentlichung meiner Theorie in keiner Weise auf die Inanspruchnahme einer Priorität abgesehen habe. Ist sie etwa schon, ohne mein Wissen, durch irgendeinen anderen Vertreter der analytischen Mechanik veröffentlicht worden, so verdiente sie eben mehr und besser gekannt zu sein, als sie es nach meiner Erfahrung ist."

Saint-Saëns, der durch den an die Akademie gestellten Antrag für Hirn die direkte Veranlassung zu den zwei Aufsätzen über das Metronom geworden war, erklärte sich mit Hirns Ansichten im wesentlichen einverstanden. Gleichzeitig aber wurde hierdurch sein Interesse für Hirns Arbeiten überhaupt angeregt, und er nahm Veranlassung u. a. dessen großes Werk „Constitution de l'espace céleste" durchzulesen. In diesem fand er nun einen Ausspruch Hirns, der ganz und gar dessen idealer Auffassung von der Musik und der Begeisterung entsprach, in der Hirn als Selbstausübender alles außer ihm Liegende, auch die eigene körperliche Anstrengung und Ermüdung zu vergessen imstande war, indem er sagt[2]):

„Durch richtige Übung unserer Muskeln und Gelenke können wir so weit kommen, daß wir Bewegungen mit der äußersten Geschwindigkeit ausführen können, ohne das Gefühl einer Anstrengung oder einer zu überwindenden physischen Schwierigkeit. So z. B. hat ein Virtuose, der auf einem Musikinstrumente, Klavier oder Geige, die wunderbarsten Läufe in schwindelndem Tempo zur Ausführung bringt, selbst keinerlei Gefühl von einer dabei verrichteten Arbeit."

Saint-Saëns teilte diese Ansicht keineswegs; er fühlte sich deshalb veranlaßt, Hirn zu erwidern, und sagte in seinem Schreiben[3]):

„Glücklich ist der Musiker, von dem Sie reden; ich selbst habe leider diesem Vorbilde nie geglichen. Mit Sorge habe ich, während des Vortrages eines Musikstückes, jede schwierige Stelle herankommen gesehen und war wesentlich erleichtert, wenn sie glücklich vorüber war.... Jeder Virtuos fühlt nach längerer oder kürzerer Zeit eine Ermüdung und bedarf der größten Energie, um die eintretende Erschlaffung schon während des Vortrags eines Musikstückes so weit zu bekämpfen, daß der Zuhörer davon nichts gewahr wird und nur den Eindruck einer mit spielender Leichtigkeit überwundenen Schwierigkeit hat."

Und nun von der Musik zu philosophischen und metaphysischen Gegenständen übergehend, bespricht Saint-Saëns Hirns Werke[4]), insbesondere seine „Constitution de l'espace céleste" und kann sich mit dessen Anschauungen über Weltvergangenheit und Weltzukunft, sowie über das Seelenleben des Menschen nicht einverstanden erklären. Doch macht Saint-Saëns selbstbewußte Art zu sprechen, verglichen mit den bescheidenen und doch von wissenschaftlicher Überzeugung getragenen Ausführungen Hirns, keinen angenehmen Eindruck. Saint-Saëns' Antwort hätte Hirn direkt zukommen sollen, aber dieser war inzwischen gestorben, und jener, der seine einmal geschriebene Antwort nicht unverwertet lassen wollte, veröffentlichte sie als „offenen Brief" an den toten Gelehrten in der

---

[1]) Comptes rendus **105**, 40.
[2]) Espace céleste, S. 23.
[3]) Revue bleue **46**, 163.
[4]) Revue bleue **46**, 164.

„Revue bleue" am 9. August 1890, in demselben Jahre, in welchem Hirn am 14. Januar verschieden war In einer Hinsicht muß es bedauert werden, daß Hirn Saint-Saëns' Antwort nicht mehr erlebt hat, denn der große Gelehrte würde dem auch von ihm anerkannten großen Musiker sicher eine Entgegnung und Widerlegung haben zuteil werden lassen, die zweifellos von größtem allgemeinen Interesse gewesen wäre.

Wenn wir hiermit die Besprechung von einigen wenigen, aber den hauptsächlichsten Arbeiten und Veröffentlichungen G. A. Hirns abschließen — denn alle diese vollständig auch nur aufzuzählen, würde bei ihrer großen Anzahl von etwa hundert im vorliegenden Falle untunlich sein — erscheint es angezeigt, noch in kurzem über seine Art zu arbeiten zu berichten, sowie auch über seines Charakters und Herzens rein menschliche Eigenschaften. Wir müssen dabei freilich den Erzählungen seiner Freunde und Mitarbeiter folgen, vorab von E. Schwoerer, der — anfangs sein begeisterter Schüler und Privatsekretär — später, in den letzten Jahren seines Lebens, sein ständiger Genosse und Zeuge aller seiner wissenschaftlichen Arbeiten und dabei dem halberblindeten Greise ein verständnisvoller Gehilfe war.

Ein wunderbares Gedächtnis war ihm verliehen und eine außerordentliche Leichtigkeit, sich Gelesenes zu eigen zu machen; und dieser kostbaren Gabe, verbunden mit einer brennenden Begierde, alles, womit er in Berührung kam, auch gründlich zu verstehen, ist es zu danken, daß er es erreichte, — obwohl schon in frühem Alter in das praktische Geschäft hineingebannt — doch mit der deutschen, englischen und italienischen Sprache, ja selbst mit dem Lateinischen vollkommen vertraut zu werden. Er las nur, was seiner Aufmerksamkeit wert war, aber wenn er einmal ein Buch gelesen hatte, blieb auch sein Inhalt unzerstörbar in seinem Geiste erhalten.

Seine schriftlichen Arbeiten, ja selbst die umfangreichsten, sind in einem Guß entworfen; als fertige, ihn ganz erfüllende Gedanken lagen sie in seinem Geiste klar vor ihm; sie bedurften nur einer Entwicklung und Ausarbeitung, aber nie mehr einer Änderung. Darum gebrauchte er auch nie ein Konzept oder vorhergehende Notizen; besonders in der Dunkelheit und Stille der Nacht, in langen, schlaflosen Stunden war es, da er seine Pläne ausarbeitete und seinen Gedanken freien Lauf lassen konnte. Aber dann lag das Werk fest, wie eingegraben in seinem Geiste und bedurfte, wenn der Tag kam, nur noch der Niederschrift, die außerordentlich rasch vonstatten ging. So vollendete er z. B. sein Buch über „Musik und Akustik", das 68 Seiten umfaßt, in weniger als 14 Tagen; dabei war seine Niederschrift stets druckfertig, ohne jede Korrektur.

Bei dieser Art zu arbeiten, die ganz in Zurückgezogenheit und Sammlung vor sich ging, war es freilich auch mitunter vorgekommen, daß er übersehen hatte, in seinen Veröffentlichungen zu erwähnen, was andere in der jeweiligen Richtung schon vor ihm geleistet und veröffentlicht hatten, und so manches Mal wurde ihm daraus ein Vorwurf gemacht, da er doch als anerkannter Gelehrter mit allen bis dahin erschienenen Arbeiten anderer bekannt sein mußte. Hirn aber hatte gewiß nie die Absicht, aus der Nichtberücksichtigung fremder Leistungen materiellen Gewinn zu ziehen; er wollte eben nur für sich und durch sich allein arbeiten und seine eigenen Kräfte für die Bewältigung einer gestellten Aufgabe einsetzen. Denn Hirns Charakter war ebenso vornehm und unantastbar, als seine Kenntnisse tief und umfassend waren. Auch kann jener Umstand das Verdienst des großen Elsässers nicht verkleinern. Denn bei neugefundenen Tatsachen handelt es sich oft nicht um diese selbst, sondern um die Methode der Forschung, die er uns gelehrt, und das neue Ideenreich, das der siegreiche Flug seines Geistes uns damit erschlossen, bildet das Reformatorische seines Wirkens und verleiht ihm unvergänglichen Ruhm. Nur hierdurch ist der große Erfolg seiner Tätigkeit zu erklären, welche einen Kreis begeisterter Schüler zu seinen Füßen sammelte, die voll Verehrung zu ihm aufsahen, zu ihm, der nie einen Lehrstuhl bekleidet hatte und doch das Haupt einer neuen zukunftreichen Schule geworden ist.

Wie er die Ergebnisse seiner Forschungen in die Form seiner veröffentlichten Abhandlung kleidete, kann man nicht treffender und schöner charakterisieren, als es Slaby tut, wenn er von einem von Hirns Werken, demjenigen über die mechanische Wärmetheorie spricht[1]):

„Eine Fülle von großen Gedanken, vorgetragen in fesselnder Form, durchglüht von edler Begeisterung, entrollt dieses bedeutsame Werk, dessen zum Teil nicht widerspruchsfreie Zahlenangaben nur unsere Ehrfurcht erwecken, wenn wir erfahren, daß halberblindete Augen die Hand des Verfassers lenkten."

Hirns aufrichtiges, tatsächlich unfehlbares Urteil war vollauf anerkannt und hoch geschätzt, auch über die Grenzen von Elsaß hinaus, und oft war er als einziger Schiedsrichter in schwierigen Entscheidungen gewählt.

Seine Geduld war unerschöpflich und die Güte seines Herzens, insbesondere gegen Schwache und Unwissende so groß, daß dieser große Mann der Wissenschaft es nicht unter seiner Würde hielt, den Kindern die Wunder der Natur zu zeigen, sie für diesen oder jenen Gegenstand zu interessieren und so auf eine höhere Erkenntnisstufe zu heben. Daneben aber konnte der Mann mit dem goldenen Herzen auch ein strenger Richter sein, wenn ihm gegebenenfalls bei seiner genauen Kenntnis des geltenden Rechtes der Urteilsspruch anheimgegeben wurde.

Er war gut, wohlwollend und zuvorkommend gegen jedermann; so streng gegen sich selbst wie nachsichtig gegen andere; Beleidigungen und Kränkungen verzieh er gern und konnte niemandem längere Zeit etwas nachtragen.

Gegen die Seinigen voll Hingebung, dehnte er seine Sorge auch auf seine Schützlinge jeden Standes und jeden Alters aus, unter die er auch die zahlreichen Angestellten seines Hauses zählte, ebenso wie die Arbeiter seiner Fabrik und deren Kinder. Junger Leute, von denen er wußte, daß sie sich wissenschaftlichen Studien widmeten oder widmen wollten, nahm er sich mit besonderem Interesse an, stand ihnen mit Rat und Tat helfend zur Seite und verfolgte ihren Fortschritt und ihren Lebensweg mit größter Teilnahme.

Wer ihn kannte und ihm auch nur einmal näher getreten war, der mußte ihm gut sein, ihm Freund werden und ein Bewunderer seines Genies. Die einen wurden gefesselt durch seine Güte und Schlichtheit, die anderen durch die Bescheidenheit seiner Gegenrede, durch die Geduld, mit der er anhören konnte, durch die Gerechtigkeit, mit der er die Arbeiten anderer anerkannte, auch wenn sie in wissenschaftlichem Gegensatz zu den seinigen standen.

Auf G. A. Hirn sind auch die Worte geschrieben, die von Renan herrühren und im Anschlusse an die Gedächtnisrede von Herrn Pastor Dietz in der „Société des sciences de la Basse Alsace" verzeichnet sind:

„Das Leben des Menschen von Geist bietet beinahe immer das hinreißende Schauspiel der Vereinigung einer weiten geistigen Fassungsgabe mit hohem poetischem Sinn und einer entzückenden Herzensgüte, die so weit geht, daß das ganze Leben solcher

---

[1]) Slaby, Adolf Hirn, Zeitschr. d. V. d. Ing. 1890, S. 1167.

Männer gerade in seiner Ruhe und seinem süßen Frieden deren schönstes Werk darstellt, das einen wesentlichen Teil bildet ihrer gesamten geistigen Werke."

Und nun mögen zum Schlusse noch einige Mitteilungen über Hirns Privatleben, seine letzten Lebensjahre und -tage Raum finden, wobei wir auch wieder den schon mehrfach erwähnten Angaben Schwoerers folgen[1]):

Das Privatleben Hirns läßt sich in wenigen Worten zusammenfassen: Erzogen unter den Augen seiner Eltern und beizeiten schon an deren Fabrik und seine Arbeit dort gefesselt, suchte er nie die lärmenden Vergnügungen der gleichaltrigen Jugend auf; man kannte bei ihm keine andere Zerstreuung als die Musik und die Teilnahme an den Zusammenkünften einiger ernster und ihm ergebener Freunde.

Mit 43 Jahren erst vermählte er sich mit einer Elsässerin, Lucie Mansbendel von Mülhausen, die die langen Jahre seiner wissenschaftlichen und literarischen Tätigkeit ihm als getreue Gehilfin zur Seite stand.

Wie alle seine Gewohnheiten streng geregelt waren, bei einer pedantischen Pünktlichkeit, so war es auch seine Tagesordnung, die ihn täglich um fünf Uhr morgens sein Lager zu verlassen hieß, das er erst um zehn Uhr abends wieder aufsuchte. Die Stunden seiner Tagestätigkeit waren zwischen seinen Besuchen in den Räumen der Fabrik, zwischen Bureauarbeiten und sonstigen geschäftlichen Verpflichtungen, Konferenzen und nötigen Geschäftsgängen geteilt.

Nach dem Tode seines Bruders Ferdinand, und nachdem die Fabrik aus dem Besitz der Familie in andere Hände übergegangen war, zog er sich ganz von der Teilnahme am Geschäfte zurück und lebte nur noch seinen meteorologischen Beobachtungen und seinen philosophischen Arbeiten.

Mit zunehmendem Alter wurde sein Leben immer noch mehr zurückgezogen und dessen äußerliche Einförmigkeit nur durch seltene, gerade notwendig werdende Reisen von kurzer Dauer unterbrochen. Unter diesen waren ihm die Reisen nach Paris die willkommensten, weil er in dieser Stadt mannigfache intime Beziehungen mit den dortigen gelehrten Mitgliedern der französischen Akademie und anderer Körperschaften angeknüpft hatte. Geschäftliche Sorgen, Inanspruchnahme durch Familienangelegenheiten und auch Krankheiten brachten Störungen in sein scheinbar so ruhiges Wesen und bedrückten seinen Geist, der sonst über den materiellen, armseligen Fragen des gewöhnlichen Lebens zu schweben schien. Die trotz alledem noch in Übermaß fortgesetzte geistige Arbeit, vielleicht auch eine durch sein Befinden notwendig gewordene ungenügende Ernährung und häufige Schlaflosigkeit nahmen dem ohnehin nicht allzu robusten Körper seine Widerstandsfähigkeit. Und dabei harrte sein größtes Werk, die „Constitution de l'espace céleste", noch seines Abschlusses und seiner Drucklegung. Mit Aufwand seiner äußersten Anstrengung konnte er das Manuskript endlich vollenden und in den Druck geben. Im Dezember 1888 hatte er die Befriedigung, die ersten Druckexemplare in seinen Händen zu sehen[2]).

Eins noch war der Gegenstand seiner Sehnsucht; einmal noch wollte er zur Zeit der Weltausstellung von 1889 nach Paris reisen, um die alten Freunde dort wiederzusehen und neue Freundschaften zu schließen mit so manchen fremden Gelehrten, die ihn zum Teil aus seinen Schriften kannten, zum Teil schon in brieflichem Gedankenaustausch mit ihm gestanden waren. Aber diese sehnlichst gewünschte Reise mußte infolge seines mangelhaften, sich immer ungünstiger gestaltenden Befindens

---

[1]) Faudel und Schwoerer, S. 46 ff.
[2]) Faudel und Schwoerer, S. 47 ff.

fortwährend verschoben und endlich zu seinem großen Schmerze gänzlich aufgegeben werden[1]).

Eine Huldigung ganz besonderer Art, mit welcher er überrascht werden sollte, hatten ihm eine Anzahl Freunde und Landsleute zugedacht. Auf Vorschlag von Herrn Schwoerer sollte zum Zeichen ihrer Verehrung und ihrer Bewunderung vor den großen, herrlichen Werken des Meisters eine Medaille hergestellt und deren Ausführung in Gold ihm feierlich überreicht werden, während jeder der Veranstalter dieser Huldigung die gleiche Medaille in Bronze zum Andenken an den Meister erhalten sollte. Die Ausführung dieser Medaille, die auf der Vorderseite Hirns Bild, auf der Rückseite den Widmungsspruch erhalten sollte, wurde einem Meister der Gravierkunst, Roty, übertragen. Die Fertigstellung verzögerte sich aber durch verschiedene Ausführungsschwierigkeiten so sehr, daß man mit Rücksicht auf den von Tag zu Tag sich sichtbar verschlechternden Gesundheitszustand

Fig. 1. Fig. 2.

Hirns sich dazu entschloß, den Zeitpunkt für diese Huldigung nicht weiter zu verschieben. Man ließ daher eine provisorische Medaille in Bronze herstellen (Fig. 1 u. 2) und überreichte sie dem überraschten, tiefergriffenen Freund und Meister bei einem vertraulichen, nicht feierlichen Besuch am 21. November 1889. Diese Vorsicht erwies sich leider in der Folge als zweckmäßig. Denn erst am 12. Januar 1890 konnte Roty die fertiggestellte Medaille den Veranstaltern vorlegen. Der, für den sie bestimmt war, sollte sie nicht mehr sehen. Schon mehrere Tage lag er schwer erkrankt zu Bett; die damals fast überall herrschende Influenzaepidemie hatte auch ihn ergriffen; eine dazutretende Lungenaffektion nahm rasch einen besorgniserregenden Charakter an. Trotz der sorgsamsten, hingebenden Pflege durch seine Gattin, während seine Freunde, seine Vaterstadt Colmar, ja sein ganzes Heimatland Elsaß voll banger Sorge waren, hauchte er in der frühen Morgenstunde des 14. Januar seine große Seele aus, die — wie er sich in der Grabrede für seinen verstorbenen Freund Hallauer ausgedrückt hatte — „nach jenem Lande der Verheißung zurückkehrte, dessen unbestimmte Konturen er seit langer Zeit gewöhnt war, durch den Nebel des Horizontes zu suchen."

---

[1]) Faudel und Schwoerer S. 58 ff.

G. A. Hirn war ein merkwürdiger Mann, dessen mächtige Geisteskraft sich hoch über die gewöhnliche Ordnung erhob, und es mag als ganz selbstverständlich betrachtet werden, wenn es von ihm hieß: Sein Tod war ein grausamer Verlust nicht nur für seine Familie, seine Freunde und seine Mitbürger, sondern auch für die Wissenschaft, von welcher er einer der ruhmvollsten, der unbestrittensten und charakterreinsten Vertreter war.

Benutzte Literatur.

a) Nekrologe und Biographien.

Dr. Faudel et E. Schwoerer, G. A. Hirn, sa vie, sa famille, ses travaux. Paris 1893.

Pasteur Dietz, Bulletin de la société des sciences, agriculture et arts de la basse Alsace **24**, 272. 1890.

E. N. Mascart, Comptes rendus de l'Académie des sciences **110**, 115. 1890.

Louis Figuier, l'année scientifique et industrielle **34**, 599. 1890.

William Grosseteste, le génie civil **16**, 345. 1889/90.

Dwelshauvers-Dery, Professor in Lüttich. Reminiscences of the life of G. A. Hirn. Engineering 1890, S. 120. Abdruck in „Dr. Faudel et E. Schwoerer", S. 117.

W. C. Unwin, Professor in London. The Life and Work of Hirn. Greenock 1896. — Sonderabdruck aus Papers of the Greenock Philosophical Society.

Slaby, Dr. A., Professor in Berlin, G. A. Hirn und seine Bedeutung für die Maschinenlehre. Bulletin de la société d'histoire naturelle de Colmar. Abdruck in „Dr. Faudel & Schwoerer", S. 194, und John Ericsson und G. A. Hirn. Zeitschr. d. Ver. deutsch. Ing. 1890, S. 1161; Prometheus 1890, Jahrg. II, S. 129.

b) Zeitschriften und Berichte von gelehrten Körperschaften.

Comptes rendus de l'Académie des sciences, Paris.

Bulletins de la société industrielle de Mulhouse.

Bulletins de l'Academie royale des sciences de Belgique.

l'Athénaeum Belge, Journal universel de la Litérature, des sciences et des arts, Bruxelles.

Revue bleue politique et litéraire.

Cosmos, les mondes, par l'abbé Moigno.

Gaea, Natur und Leben, Zeitschrift, Dr. Hermann J. Klein, Köln.

If you have any concerns about our products,
you can contact us on
ProductSafety@springernature.com

In case Publisher is established outside the EU,
the EU authorized representative is:
**Springer Nature Customer Service Center GmbH
Europaplatz 3, 69115 Heidelberg, Germany**

Printed by Libri Plureos GmbH
in Hamburg, Germany